Polifenoli

Dieta Sirt e Gene Magro

Principi di Epigenetica per un Dimagrimento Salutare

con Guida Completa alla Dieta Sirt,

Ricette e Piano Alimentare per attivare il Gene Magro

Copyright © 2020

Tutti i diritti riservati. Nessuna parte di questo libro può essere riprodotta, archiviata in un sistema di recupero o trasmessa in qualsiasi forma o con qualsiasi mezzo, elettronico, meccanico, fotocopie, registrazioni, scansioni o altro, senza la previa autorizzazione scritta dell'editore.

Disclaimer

Le informazioni fornite in questo libro hanno lo scopo di fornire informazioni utili sugli argomenti discussi. Questo libro non è pensato per essere utilizzato, né dovrebbe essere usato, per diagnosticare o trattare qualsiasi condizione medica. Per la diagnosi o il trattamento di qualsiasi problema medico, consultare il proprio medico. L'editore e l'autore non sono responsabili per eventuali esigenze specifiche di salute o allergie che potrebbero richiedere una supervisione medica e non sono responsabili per eventuali danni o conseguenze negative derivanti da qualsiasi trattamento, azione, applicazione o preparazione, a chiunque legga o segua le informazioni in questo libro.

Indice

La chiave 11
L'epifania dei capperi 19
Il potere della sinergia 28
Evoluzione e nutrizione: strade distanti o parallele? 30
Restrizione calorica: il segreto della longevità 35
Il lato oscuro della restrizione calorica 42
Indizi dal lievito 49
Sirtuine e SIRT1 50
    SIRT1 e muscolo scheletrico 55
    SIRT1 nell'organo adiposo 59
    SIRT1 nel fegato 62
    SIRT1 nel cervello 63
    SIRT1 nel cuore 64
Come attivare SIRT1 65
Resveratrolo: una scoperta che cambiò tutto 70
Polifenoli: antiossidanti ed oltre! 77
Cibi Sirt 88
    Vino Rosso: il primo cibo Sirt 88
    Peperoni e Peperoncini: Gemelli Diversi 93
    Grano Saraceno: oltre al nome c'è di più 96
    Capperi: un carico di quercitina 99
    Sedano: un fresco e antico rimedio 101
    Cacao: il cibo degli Dei 103
    Caffè: il re delle bevande 107
    Olio d'Oliva Extra Vergine: il segreto della dieta mediterranea 112
    Tè Matcha: una verde infusione di polifenoli 117

    Cavolo riccio: il re delle verdure a foglie verdi 120

    Levistico: il segreto dei monaci 124

    Detteri Medjoul: il Superfood dall'Oriente 126

    Prezzemolo: l'erba onnipresente 129

    Cicoria rossa: figlia dell'orologio dei pastori 131

    Cipolla Rossa: un medicamento antico 135

    Rucola: l'erba che brucia 137

    Soia: la principessa dei legumi 141

    Fragole: i deliziosi non-frutti 146

    Mela: una al giorno attiva SIRT1 150

    Curcuma: la protezione dalla Natura 153

    Noci: un Tesoro sotto-guscio 156

Come funziona la dieta Sirt? *158*

    Fase 1: Dimagrimento 161

    Come preparare il Succo verde 162

    Fase 2: Mantenimento 165

    Fase 3: Dopo la dieta? 166

Ricette. *167*

Ricette dolci. *169*

    Bowl di yogurt greco con fragole e noci 169

    Sirt-Pancakes 171

    Smoothie di tè Matcha 173

    Cestini di frutti di bosco 174

    Datteri ripieni 176

    Gelatina di fragole e lamponi 178

    Mele dolci a cubetti 180

    Macedonia Sirt 181

Ricette Salate *182*

    Pesto di rucola 182

Insalata di pasta di grano saraceno	184
Soba piccanti	185
Manzo in salsa di vino rosso	187
Riso con tofu, edamame e cavolo riccio	189
Straccetti di pollo al vino rosso	191
Insalatona Sirt	193
Petto di pollo aromatico	195
Chips di cavolo riccio	197
Uova Strapazzate con Rucola e Salmone ("Bandiera del Mali")	199
Tofu saltato con peperoni	201
Zuppa Sirt	203
Risotto di Fragole	205
Un cambio di stile di vita per una vita piena	*208*
Vitamina B3: strumento fondamentale per SIRT1	*211*
SIRT1 e AMPK: fratelli della fame	*214*
Conclusioni	*218*
Risorse extra	*230*
Il tuo piano alimentare Sirt di 14 giorni	*231*
Prima settimana: Dimagrimento	233
Seconda settimana: Mantenimento	241
Fibre: benefici extra dei cibi Sirt	*250*
Domande e risposte	*255*
Glossario	*259*
Bibliografia	*269*
Ringraziamenti	*277*

La chiave

Lo stile di vita occidentale al quale tutti più o meno volentieri ci conformiamo non sempre è salutare. È passato il tempo dei nostri nonni e bisnonni in cui il problema di scarsità di risorse era grave e non sempre era facile trovare da mangiare. Ormai da qualche decennio l'accesso a fonti di cibo è diventato decisamente più facile per noi privilegiati nati nel mondo occidentale. Grazie al *Fast food* e ai cibi preconfezionati mangiare nel terzo millennio è facile e veloce, basta avere nel portafogli qualche euro e immediatamente compare nelle nostre mani del cibo, sebbene questo non si possa dire con altrettanta facilità in zone del pianeta in cui persistono gravi carestie o diseguaglianze economiche profonde. Di conseguenza le esigenze alimentari sono mutate, ora la vera sfida non è "mangiare", ma riuscire a "mangiare bene"!

Oggigiorno purtroppo viviamo un distacco dal concetto di cibo a quello di salute.

Sempre più spesso, infatti, il rapporto che l'uomo moderno ha con il cibo è conflittuale.

È facile sentenziare frasi secche come: i grassi fanno ingrassare, i carboidrati fanno venire il diabete, le proteine generano scorie azotate. Oppure ancora l'acqua minerale fa venire i calcoli renali, la frutta ha troppi zuccheri, la carne rossa fa venire il cancro. L'uovo ha il colesterolo. Quella verdura contiene acido fitico che è un anti-nutriente. I legumi hanno le saponine.

Potremmo andare avanti per ore...

Ormai è sentore comune che il cibo faccia ingrassare e meno ne mangiamo e meglio è. Avrai anche tu fatto qualche volta questo pensiero. Specialmente se ci si confronta con la nostra immagine speculare davanti allo specchio con una pancetta che non ci rende per niente soddisfatti.

In genere, di fronte a questa problematica si comincia da autodidatti, cercando semplicemente di mangiare meno. Si soffre la fame in regime ipocalorico auto-imposto, giorno per giorno, cercando di limitare il più possibile la quantità di cibo presente nei nostri pasti. Con la forza di volontà "a palla", ci diciamo che tenendo duro e con un rigore ferreo, prima o poi raggiungeremo i nostri risultati!

Con il passare dei giorni e delle settimane questi fatidici risultati tardano tuttavia ad arrivare. Nonostante gli sforzi e la resistenza accanita nelle nostre intenzioni la pancetta rimane lì, sogghignando malefica.

"Vattene maledetta pancetta!".

È capitata anche a voi questa sensazione?

Avviene poi che si passa al livello successivo, quello della "**chiave**". Ad un certo punto, infatti, qualche esperto o presunto tale, che può essere l'amico del cugino di secondo grado, il collega, oppure il *fitness-guru* apparso in televisione, ci "rivela", come un segreto di Fatima, questa chiave per la salute e per il dimagrimento!

Fenomenale no?

Questa fantomatica chiave, unica e necessaria per aprire la "porta" del dimagrimento e della salute, può essere un alimento o un gruppo di alimenti da eliminare completamente dalla nostra alimentazione, oppure può essere una dieta da seguire pedissequamente: "basta che segui precisamente queste indicazioni, *TU FIDATI*, e vedrai che starai meglio".

Questo atto di fede è quello che casca a fagiolo per riattivare la fiducia perduta e riaccendere la speranza che "forse anche tu potrai liberarti di quella maledetta pancetta una volta per tutte"! Dopo tante delusioni, che hanno portato ad una carenza di autostima, la fiducia in una "chiave" esterna che da sola sblocchi come una bacchetta magica il nostro metabolismo, ci faccia perdere il grasso in eccesso, ci faccia guarire dalle malattie e magari ci faccia vincere anche alla lotteria, rimane l'ultimo appiglio a cui aggrapparci.

Tutte queste sensazioni sono capitate anche a me, specialmente in gioventù.

In quegli anni la mia conoscenza dei principi di nutrizione e della composizione degli alimenti era pari a zero. Questo significava che la mia propensione a credere all'esistenza di "chiavi" e di bacchette magiche era molto alta.

Ricordo ancora che avevo sentito, chissà dove, non ricordo, forse in televisione o da qualche parente, che le carote facevano male perché avevano tanti zuccheri. E da lì ho avuto il periodo "no-carote". Successivamente sentii da qualche altra fonte che il tuorlo d'uovo è molto ricco di grassi e di colesterolo, ed ecco che cominciai a scartare il tuorlo dall'uovo sodo e mangiavo solo l'albume. Che tristezza se ci penso!

Il nuovo "diavolo" passava dalle carote al tuorlo, dalle patate con troppi carboidrati alla carne. Andando avanti così sarebbe finita che mi alimentavo solo di pane ed acqua!

Ecco qui il problema di fondo. Il fatto che ci affidiamo troppo spesso a venditori di chiavi e bacchette magiche esterne. Quando invece possiamo essere noi stessi, con la nostra consapevolezza sul ruolo dei cibi e dei nutrienti in essi contenuti, nel nostro corpo, i primi costruttori della nostra salute e della nostra composizione corporea.

Questo libro non ti darà chiavi o bacchette magiche.

Se cercate un modo rapido e senza troppo impegno per ottenere un risultato estetico, mi dispiace ma questo non è il libro che fa per voi.

Questo libro vuole essere uno strumento pratico per la vita quotidiana basato su informazioni scientificamente esatte ed accurate, che può permetterci di adottare uno stile alimentare che non solo ci faccia migliorare la composizione corporea e perdere massa grassa in eccesso, ma che ci consente di liberare l'energia potenziale nascosta da un'alimentazione non sempre accurata. In questo libro potrete trovare ricette buone e salutari e, allo stesso tempo, scoprire cosa succede dentro le nostre cellule quando mangiamo i cibi che abbiamo cucinato.

Attraverso un tono divulgativo conosceremo la teoria alla base della scienza della nutrizione senza cedere a compromessi con mode in voga e marketing del fitness.

"Polifenoli, Dieta Sirt e Gene Magro" vuole essere una guida scientifica e divulgativa sulla dieta Sirt.

Più che una dieta, la definirei come un modo di interpretare i propri stili alimentari diverso da quello a cui siamo stati abituati, il tutto supportato da evidenze scientifiche.

Quando sono venuto a conoscenza della dieta Sirt (è relativamente giovane, essendo stata sviluppata nel 2016) l'ho sperimentata personalmente e l'ho trovata particolarmente interessante, efficace e, soprattutto, salutare.

In particolare, la cantante britannica Adele ha perso più di 30 chili in un anno seguendo questa dieta! L'annuncio ha suscitato molto scalpore nei media mondiali durante i primi mesi del 2020 e ancor adesso fa notizia. In realtà Adele non è l'unico personaggio famoso che ha cambiato le proprie abitudini alimentari grazie a questa dieta.

Pertanto, con questo libro voglio condividere con te tutte le proprietà e i benefici della dieta Sirt, insieme a consigli e suggerimenti pratici che possano aiutarti ad applicarla per beneficiarne davvero e per migliorare le tue abitudini alimentari.

Tuttavia, non voglio che ci si focalizzi solo ed esclusivamente su quello che è una sorta di effetto collaterale, anche se positivo, cioè quello della perdita di peso.

Infatti, nonostante la dieta Sirt abbia velocemente assunto popolarità nel mondo anglosassone per i chili persi tra le *celebrities* britanniche, è errato e profondamente sminuente nei confronti di questo approccio alimentare considerare che questa serva unicamente per ridurre la "pancetta". In questo viaggio che affronteremo insieme vorrei mostrarti che i benefici della dieta Sirt e dei polifenoli che essa apporta riguardano il nostro stato di salute in generale, non solo la perdita di peso! Questo è un punto fondamentale che ci tengo a sottolineare.

La dieta Sirt è caratterizzata dall'inclusione nelle nostre ricette di alcuni alimenti di origine vegetale chiamati "cibi Sirt". Vedremo che questi cibi sono caratterizzati da un elevato contenuto di una famiglia di molecole straordinarie, i polifenoli, veri e propri **modulatori epigenetici** in grado di attivare i cosiddetti "geni magri" e di sostenere e potenziare vari aspetti della nostra salute. Se questi termini vi scombussolano un pochino, non temete. Infine saremo padroni di questi concetti e potremo usarli a nostro favore.

Questo libro non è solamente una guida teorica divulgativa ma è anche uno strumento pratico.

Troverete infatti utili e gustose le ricette facili da fare e contenenti come ingredienti i cibi Sirt. Potrete combinare queste ricette nel Piano Alimentare Sirt di 14 Giorni presente nelle Risorse Extra nel libro. Questo piano alimentare è uno strumento molto utile e pratico per organizzare la propria dieta Sirt e cambiare efficacemente le proprie abitudini alimentari anche una volta conclusa la fase iniziale della dieta Sirt.

Spero possiate trovare "Polifenoli, Dieta Sirt e Gene Magro" interessante, ispirante, ma soprattutto utile.

L'epifania dei capperi

La vita comoda e frenetica che cerchiamo è intrinsecamente malsana ed è la ragione principale per cui molti di noi sono sovrappeso, con un'incidenza sempre maggiore nella popolazione. Essere in sovrappeso non è un problema estetico! Tutt'altro! Se tutti ormai riconosciamo che una persona anoressica non è solo una persona eccessivamente magra, bensì una persona con una patologia, in realtà nei confronti di una persona in sovrappeso siamo un po' più "elastici". "*Ma sì, qualche chiletto in più!*", "*Ad una certa età è normale avere la pancia*". Quante volte sentiamo queste affermazioni e le prendiamo ormai come dei dati di fatto. In realtà essere in sovrappeso è una condizione pro-patologica! I dati scientifici alla mano attualmente ci dicono in maniera chiara, netta ed inequivocabile che quei "chiletti in più" sono fattori di rischio per tutta una serie di patologie come la sindrome metabolica, il diabete di tipo 2, ipertensioni, malattie cardiovascolari e altre. Secondo il *Global Burden of Disease Study 2017*, in cui è stata fatta una analisi sistematica degli effetti dell'alimentazione sulla salute di milioni di persone provenienti da 195 diversi paesi nel periodo dal 1990 al 2017, un regime alimentare scorretto è un importante fattore di rischio per queste malattie. Lo studio ha indicato che, in questi 27 anni, 11 milioni (MILIONI, non migliaia) di decessi sono direttamente implicabili ad una alimentazione scorretta e sbilanciata, con altre 255 milioni di persone che, per lo stesso motivo, ha avuto una qualità della vita peggiorata (*Afshin et al., Lancet, 2019*).

Fortunatamente, negli ultimi 10-20 anni in Italia si è sviluppata una maggiore sensibilità da parte della popolazione su questi argomenti. Più persone sono consapevoli che c'è un diretto collegamento tra quello che mangiamo e la nostra salute. E anche un po' per questo abbiamo visto tutti in questi anni un fiorire di un intero settore del commercio legato alla salute a partire dai biscottini dietetici, ai programmi di fitness e di salute, ai sostenitori di questa o quella dieta, fino alla nascita dei *superfood* che dovrebbero risolvere ogni problema di salute e quant'altro.

Un grosso problema di fondo è che, se da una parte è aumentata la sensibilità, dall'altra non è aumentata di molto la conoscenza di questi temi. Mi spiego meglio: tutti ormai si interessano dei temi di alimentazione e salute. Ma interessarsi non significa per forza "capire a fondo". Il compito è reso ancora più arduo dai numerosi *influencer*, giornalisti, aziende e guru dell'alimentazione che invece di informare preferiscono "formare" a loro immagine e somiglianza le persone in modo tale che queste diventino ciechi e fedeli sostenitori oppure acquirenti del loro prodotto, immettendo in circolazione mezze verità o addirittura affermazioni manipolatorie.

Quindi, purtroppo, in molti stanno adottando metodi sbagliati o comunque poco efficaci per cercare di perdere peso e migliorare la propria salute. Forse qualche dieta in voga fa effettivamente perdere peso nel breve periodo, ma la maggior parte di queste diete lasciano a lungo andare strascichi come senso di stanchezza e astenia, mal di testa, carenze nutrizionali e in ultimo, nel momento in cui si torna a mangiare normalmente, il recupero di tutti i chili persi durante la dieta, spesso con gli interessi!

Quello che purtroppo sta succedendo è che la parola "dieta" è ormai associata a immagini di sofferenza, deprivazione e infelicità. Non dovrebbe essere così! Una dieta alla quale valga la pena aderire dovrebbe non solo far perdere i chili di grasso in eccesso ma soprattutto migliorare lo stato di salute e la propria energia. Dovrebbe darci i mezzi nutrizionali con i quali affrontare le sfide quotidiane. In altre e più semplici parole, dovrebbe farci stare bene, e facendoci stare bene ci indurrebbe a seguirla senza sofferenza, senza deprivazione e senza infelicità, bensì con contentezza e voglia di sfruttarla nella nostra quotidianità. È molto diverso dal concetto di dieta ad oggi comunemente accettato!

Quando una persona cerca una dieta che le faccia perdere peso generalmente lo fa unicamente perché vuole perdere peso, per vedere cambiare il numerino in quella maledetta bilancia, e non tanto per stare in salute. Magari a voce dice "*sto facendo questa dieta per stare meglio e stare in salute*", ma in realtà il pensiero fisso, quasi ossessivo, è rivolto a quel numerino che è sempre troppo elevato.

Anche a causa di questo motivo, ho sempre dubitato, scientificamente parlando, delle diete e della loro efficacia reale a lungo termine. Inoltre, a livello personale, mi hanno sempre ispirato antipatia le diete in quanto, da buongustaio che sono, mi sono sempre parse un modo per togliere sapori dalle nostre tavole e piaceri dal nostro palato. Per questi ed altri motivi non sono mai stato un particolare sostenitore di questi approcci nella mia carriera professionale di scienziato operante nel campo della nutrizione.

La scienza della nutrizione (credo fortemente tra le più affascinanti in assoluto tra tutte le scienze) ci insegna che il corpo umano è una vera e propria macchina biochimica che necessita, per funzionare al meglio, di tutta una serie di molecole che sono estratte dal cibo. Queste molecole sono i nutrienti. È essenziale fornire nutrienti al corpo in maniera costante, ogni giorno, altrimenti la nostra macchina biochimica comincia a perdere la sua efficienza e a funzionare meno bene. Quindi, togliere i cibi dalle nostre tavole non significa perdere peso e migliorare la propria composizione corporea. Forse ciò succede inizialmente, ma nel lungo periodo la carenza dei giusti nutrienti nelle giuste quantità si fa sentire. L'effetto yo-yo che osserviamo finito il periodo di dieta, cioè quando riprendiamo i chili persi con gli interessi, è dovuto proprio a questa carenza o sbilanciamento nutrizionali.

Un altro aspetto da considerare, inoltre, è che i cibi non sono tutti uguali. Possiamo grossolanamente distinguerli in due categorie: da una parte i cibi "potenziativi", ricchi in nutrienti utili per il nostro organismo, e dall'altra i cibi "depotenziativi", poveri di nutrienti e per questo chiamati anche con il più conosciuto nomignolo di "calorie vuote". Come avrete notato, non ho parlato di cibi calorici e cibi poco calorici in quanto, dal punto di vista scientifico, il contenuto calorico dei cibi è sì importante ma non così fondamentale come si pensava una volta.

Infatti il primo obiettivo da raggiungere per una nutrizione sana è apportare tutti i nutrienti che ci servono. Poi casomai si può cominciare a pensare alle calorie, ma non per forza (io quando mangio non ci penso quasi mai alle calorie, ai nutrienti invece ci penso sempre). D'altra parte, la scienza della nutrizione, come dice il nome stesso, ci insegna che quando mangiamo dobbiamo nutrire il nostro corpo e non solo riempirci la pancia. In generale i cibi iper-calorici (pensiamo ad esempio ai cibi spazzatura patatine fritte e stra-fritte, dolciumi, prodotti preconfezionati super trattati) sono i cibi depotenziativi di cui parlo, ma non sempre è così. Esistono, infatti, alcune eccezioni di cibi molto calorici, ma che in realtà sono molto nutritivi e ricchi di nutrienti, ad esempio i datteri e la frutta secca come le noci. Come vedremo, questi cibi sono un vero e proprio tesoro ricchissimo di nutrienti e la loro assunzione è assolutamente benefica.

Come possiamo percepire da queste righe, la nutrizione è un argomento molto complesso che dipende inoltre da persona a persona e dalla variabilità interindividuale. Ecco quindi spiegata la mia antipatia di fondo nei confronti della maggioranza delle diete che fanno grandi promesse semplicemente togliendo quel cibo o quella categoria di cibi, riducendo le calorie e basta o facendoti semplicemente digiunare per qualche periodo del giorno o della settimana.

Tuttavia, in un caldo pomeriggio estivo di qualche anno fa, mentre ero a zonzo nell'area "alimentazione e fitness" di una libreria vicino a dove abito, mi imbattei in un libro che catturò la mia attenzione. Era chiaramente un libro di diete come altri ad un primo sguardo alla copertina. Tuttavia, sempre nella copertina osservai qualcosa che catturò moltissimo la mia attenzione. Tra i cibi nell'illustrazione c'erano del vino rosso e della cioccolata! "In genere questi cibi sono assolutamente vietati nelle varie diete che ho incontrato nel mio lavoro" pensai. Il libro si intitolava "La Dieta Sirt", scritto dai due nutrizionisti britannici Aidan Goggins e Glenn Matten, ed è in questi ultimi anni molto in voga tra le *celebrities* britanniche (come dicevo prima, tra queste figura anche la cantante Adele, che ha perso 30 Kg adottando la dieta Sirt!).

Incuriosito, comprai il libro e lo lessi in pochi giorni. Scoprii che il libro consigliava di mangiare un gruppo di cibi (una ventina) che gli autori chiamavano "cibi Sirt": mi colpì molto l'eterogeneità di questi cibi. Alcuni di questi erano alimenti di cui vado particolarmente ghiotto, ad esempio il sopracitato cioccolato fondente, i capperi di cui vado matto, rucola e radicchio (mia nonna diceva che ero una "capra" da quanto ne mangiavo!). Molti di questi cibi Sirt inoltre sono particolarmente utilizzati anche nella dieta Mediterranea, che la ricerca scientifica ha confermato essere uno degli stili di vita più salutari al mondo (*Kris-Etherton et al., Circulation, 2001*). Man mano che leggevo i capitoli del libro andavo a studiarmi la letteratura scientifica inerente e mi accorgevo che la dieta Sirt è una dieta scientifica vera e propria, cioè una dieta che fonda il suo razionale nelle pubblicazioni scientifiche, cioè su dati reali e verificabili. Dal punto di vista biochimico i cibi Sirt (o meglio, i polifenoli in essi contenuti) hanno la capacità di attivare alcuni specifici geni nel nostro DNA. Questi geni sono sotto il controllo di alcuni regolatori fondamentali del nostro metabolismo, chiamati sirtuine (da qui il nome dieta Sirt) o "geni magri". Se qualche passaggio non ti è risultato chiaro al 100% non disperare, nei prossimi capitoli andrò a raccontarti passo passo come funziona la dieta Sirt.

Il famoso "Succo Verde" (dall'inglese Green Juice), alleato di chi segue la Dieta Sirt

Mentre studiavo la letteratura scientifica sulle sirtuine mi sorpresi di quanti articoli erano stati pubblicati su questi argomenti negli ultimi 20 anni. Venti anni nel mondo della ricerca sono pochi, e ogni singola pubblicazione significa ore e ore di lavoro e analisi e notti insonni di ricercatori sparsi in tutto il mondo, ve lo posso assicurare personalmente. Perciò realizzai che a livello globale le sirtuine e i cibi Sirt sono estesamente sotto studio e sono un *hot topic* di ricerca nel campo della nutrizione e dell'anti-*ageing*.

Passarono alcuni mesi, quando mi si presentò l'illuminazione.

Come di solito succede, accadde in una maniera totalmente inaspettata.

Ero in vacanza con mia moglie a Riva del Garda, la splendida cittadina sulle sponde a nord del lago di Garda. Stavamo passeggiando nel lungo lago vicino al porto, quando ci si presentò davanti una scena abbastanza bizzarra: un anziano signore era salito su una scala (che dedussi si era portato da casa) e si era mezzo arrampicato su un muro dove cresceva una pianta su cui crescevano dei piccoli frutti che non conoscevo. Il signore li stava raccogliendo e li stava mettendo dentro un secchio che aveva appresso.

Ci fermammo incuriositi a guardare il signore lavorare senza sosta. Pareva proprio soddisfatto del suo lavoro e raccoglieva uno per uno quei piccoli frutti verdi (in realtà poi ho scoperto che non sono frutti) dentro il suo secchio. Ad un certo punto ero troppo curioso e gli chiesi che pianta era quella. "Sono capperi!", mi rispose "Questi me li porto a casa li metto sotto sale per un mese e poi sono una prelibatezza". Mentre scrivo ora queste righe ore mi viene l'acquolina in bocca a pensarci! Tuttavia, in quel momento in cui il signore soddisfò la mia curiosità, contemporaneamente mise a nudo la mia completa ignoranza su un alimento di cui tra l'altro vado parecchio ghiotto. Eppure nella mia testa i capperi erano sempre rimasti semplicemente quelle bellissime e deliziose prelibatezze verdi che in genere si trovano nei barattoli di vetro già pronti per essere assaporati. Nulla di più. Non mi ero mai posto la domanda di quale fosse la loro origine botanica. Che sciocco!

Quando mangiamo i capperi siamo consapevoli che stiamo mangiando i fiori non ancora germogliati e aperti? Eccoli in un ingrandimento della mia foto.

E sappiamo che questi germogli appena raccolti sono troppo amari per essere mangiati subito e quindi sono coperti per giorni in sale (proprio come voleva fare il signore incontrato a Riva del Garda) per farli essiccare e maturare? Io non lo sapevo! In quel momento di consapevolezza della mia evidente ignoranza, realizzai che troppo spesso ci sono cose sulla nutrizione di cui siamo ignari. In effetti credo fermamente che discutiamo troppo spesso solo della punta dell'iceberg.

I capperi sono tra i cibi Sirt presenti nella dieta Sirt. Cominciai anche ad appassionarmi di storia e proprietà dei capperi e poi anche degli altri cibi Sirt. Pian piano si stava delineando questa idea di presentare in un libro mio i meccanismi molecolari attraverso cui la dieta Sirt lavora, raccontare le proprietà nutrizionali dei cibi Sirt e dare qualche spunto di ricette che possano dare qualche idea in più in cucina per "sirtificare" la propria dieta.

Ho voluto che questo libro fosse semplice ma non semplicistico, scientifico ma non complicato. Il compito non è stato così facile, tuttavia ne è valsa la pena.

Alla fine, infatti, la mia sfiducia nei confronti delle diete ha trovato un'eccezione: la dieta Sirt di Aidan Goggins e Glenn Matten, di cui vi invito a leggere il libro se non l'avete già fatto. La dieta Sirt ha rivoluzionato il modo in cui consideriamo la parola "dieta". Infatti, la dieta Sirt non ha come imperativo quello di "togliere" ma quello di "aggiungere". La dieta Sirt non vuole toglierti calorie (e se lo fa si tratta del periodo iniziale per breve tempo e in una maniera accettabile), ma piuttosto vuole aggiungerti nutrienti! La dieta Sirt si focalizza sui cibi Sirt e ci invita a mangiarne in abbondanza. I cibi Sirt sono tutti deliziosi. Inoltre, non escludono altri cibi, semplicemente è importante che ci siano i cibi Sirt nella nostra dieta! Se siamo particolarmente ghiotti di un altro cibo non presente tra il gruppo dei cibi Sirt non c'è nessun problema, possiamo mangiarci i cibi Sirt e affiancarci anche il cibo che ci piace tanto. Questa cosa è molto importante in quanto permette a chi segue la dieta Sirt una costante applicazione che invece in un'altra dieta restrittiva non sarebbe psicologicamente possibile (ad un certo punto, prima o dopo si crolla!), se non al costo di grandi sacrifici. In altre parole il piano alimentare proposto dalla dieta Sirt si concentra nel mantenere il più possibile una dieta bilanciata (i cibi Sirt sono tutti alimenti potenziativi ricchi di nutrienti) e una relazione salutare con il cibo, non solo dal punto di vista nutrizionale ma anche dal punto di vista psicologico!

Dimentichiamoci le diete restrittive e obsolete! La dieta Sirt aiuta a perdere i chili in eccesso senza mettersi a digiunare tutto il giorno (un metodo comunque a lungo andare perdente) e a recuperare le proprie energie consumando cibi buoni e salutari.

Andiamo ora a vedere nei prossimi capitoli quali sono le basi della dieta Sirt, quali sono i cibi Sirt e le loro caratteristiche, e come utilizzarli in alcune ricette super facili, veloci, economiche, buone e salutari!

Il potere della sinergia

C'è chi dice che la dieta Sirt possa addirittura sostituire una sessione di sport, sostenendo che "il consumo dei cibi Sirt produrrebbe lo stesso effetto di un allenamento in termini di consumo di grassi, stimolazione muscolare e mantenimento della salute". Ovviamente questo tipo di affermazioni è al momento opinabile e la ricerca scientifica ha ancora parecchio da scoprire per poter dire che una dieta, seppur estremamente bilanciata e salutare, possa sostituire i grandi benefici dell'attività fisica. Credo però nel potere della sinergia.

Quante volte capita di vedere sportivi che si allenano forsennatamente e dopo l'allenamento si prendono una birra e un *hamburger* del *fast food*. Non direi che questa è un'ottima alimentazione *post-workout*.

Diversamente, quante altre volte vediamo persone maniacalmente ossessionate dalle scelte alimentari ma che poi non hanno voglia di versare neanche una goccia di sudore in attività fisica. Se solo riuscissimo ad unire il valore della corretta nutrizione a quello dell'attività fisica quanto beneficeremmo tutti. Alimentazione e sport è quel tipo di combinazione in cui l'unione è molto più della somma delle parti, è quindi una sinergia. La dieta Sirt si adatta perfettamente a questo contesto. Se essa viene abbinata ad una salutare attività fisica la sinergia nella salute e nella perdita di peso che ne deriva è molto maggiore della dieta Sirt presa singolarmente o dello sport preso singolarmente.

Tuttavia, ciò che è degno di nota è che gli effetti della dieta Sirt da sola sono già di per sé impressionanti. Combinando una dieta ricca in cibi Sirt con una iniziale moderata restrizione calorica, questa dieta aiuterà, secondo gli ideatori della dieta Sirt, a perdere fino a 1,5 Kg in 7 giorni. Ciò che è molto importante e fondamentale per evitare l'effetto yo-yo è che questa perdita di peso avviene senza intaccare il tessuto muscolare, così importante per la nostra salute e non solo per avere un corpo tonico, come vedremo nei prossimi capitoli.

Evoluzione e nutrizione: strade distanti o parallele?

Negli ultimi anni ormai possiamo dire che c'è sempre più dibattito in merito a temi di cibo e nutrizione. Tuttavia spesso ci si dimentica di tenere in considerazione il punto di partenza per tutti i temi di salute, nutrizione compresa: il nostro DNA.

Non voglio entrare troppo nei tecnicismi, tuttavia ritengo necessario raccontarvi qualcosa delle meraviglie del DNA. Seguitemi nel mio discorso e vedrete che alla fine vi risulterà chiaro come il nostro DNA lavora dentro le nostre cellule e cosa questo ha a che fare (eccome se ne ha a che fare!) con il cibo che introduciamo nel nostro corpo ogni giorno. Questi concetti saranno le pietre miliari per capire la scienza dietro la dieta Sirt e come questa agisce nel nostro corpo. Infine, queste conoscenze saranno preziosi strumenti nelle nostre mani con i quali modulare il modo in cui il DNA lavora e da cui, quindi, trarre un vantaggio per la nostra salute, acquisendo una migliore forma fisica e sentendoci pieni di energie.

Come probabilmente già molti sanno, il DNA (acido deossiribonucleico) è una molecola presente nel nucleo di (quasi) tutte le nostre cellule. Neuroni, epatociti (cellule del fegato), cellule muscolari e tutte le altre, presenti nel nostro organismo, condividono lo stesso ed identico DNA, che è unico ed irripetibile, e rende ogni uomo, ogni donna e ogni singolo essere vivente sulla faccia della Terra, dal più piccolo batterio alle grandi balene, diverso da ogni altro. Ogni individuo è uno e unico e ciò è dovuto al suo genoma, cioè tutte le informazioni contenute nel DNA. Considera il genoma come una libreria fatta di DNA, con molti scaffali. Senza entrare troppo nel tecnico, nella genetica gli scaffali sono quelli che vengono chiamati "cromosomi", e ogni scaffale contiene molti libri. Questi libri sono dei manuali d'istruzioni che contengono le informazioni necessarie alla cellula per svolgere una o più attività specifiche. Perciò ogni libro insegna a fare qualcosa alla cellula. Ecco, nella scienza della genetica ogni libro si chiama "gene". Possiamo considerare i geni come un piccolo pacchetto di informazioni (manuale d'istruzioni) necessario per fare qualcosa. Quel "qualcosa" possono essere attività molto svariate: fare un enzima, cioè una proteina che trasforma una molecola in un'altra molecola, oppure può essere la costruzione di strutture che servono a farci stare in piedi o camminare, oppure ancora altre molecole necessarie alla trasmissione nervosa dentro il nostro cervello. Insomma un po' di tutto! Il genoma umano contiene circa 20.000 geni. Nonostante ogni cellula contenga lo stesso genoma (e quindi gli stessi 20.000 geni), cellule diverse attivano o inattivano diversi geni e quindi utilizzano le informazioni che hanno a disposizione in maniera diversa. In altre parole: diverse cellule leggono solo alcuni dei libri (geni) che hanno a disposizione e quindi accedono solo a parte dei manuali di istruzioni. Per esempio le cellule del cuore attivano solo quei geni necessari al lavoro delle cellule del cuore, cioè pompare continuamente sangue dentro e fuori dal cuore. Invece gli adipociti (le cellule del tessuto adiposo dove è immagazzinato il grasso) attivano solo quei geni necessari per la sintesi e accumulo di grasso nel nostro addome e fianchi, di cui necessitiamo nei periodi di carestia o scarso accesso alle fonti di cibo (e per deprimerci quando non entriamo più dentro i pantaloni comprati l'anno scorso!).

Abbastanza un casino vero?

Eppure, dentro ognuna di queste cellule ogni attività è finemente regolata e organizzata e niente è lasciato al caso! Questo mondo assolutamente affascinante e meraviglioso inoltre comunica con l'esterno. Non devi pensare alla cellula come ad una campana di vetro che fa le sue cose e non comunica con l'esterno. Tutto il contrario! Infatti c'è un continuo scambio di informazione tra il nostro DNA e l'ambiente circostante.

Dati provenienti da una branca emergente della genetica, chiamata epigenetica, continuano a confermare che il nostro genoma non è qualcosa di fisso e immutabile, ma piuttosto è altamente dinamico e interagisce con l'ambiente. Il prefisso "*epi*", che deriva dal Greco "ἐπι" e significa "che sta al di sopra", implica proprio questo concetto: che oltre alle tradizionali leggi della genetica e dell'ereditarietà delle caratteristiche di un individuo, esiste anche un sistema di controllo e regolazione superiore che va "oltre" la genetica. Proprio questo studia l'epigenetica: il modo in cui il nostro genoma viene modulato dall'ambiente.

Stiamo parlando di ambiente... Ma che cos'è esattamente questo "ambiente"? Beh, l'ambiente è l'aria fresca e pulita o inquinata che respiriamo, l'ambiente è lo stress dovuto al tuo capo che ti chiede che il lavoro deve essere consegnato entro stasera, l'ambiente è l'amore che ricevi dalla tua famiglia, l'ambiente è l'attività fisica e la corsa che hai fatto stamattina...In poche parole, l'ambiente è tutto l'insieme di stimoli di ogni tipo che ricevi durante tutto l'arco della tua vita, dal concepimento alla morte. E indovinate un po', l'ambiente è anche il cibo che mangiamo! È stimato che un adulto ingerisca in media circa 1 Kg di cibo al giorno. Se consideriamo una vita media di 80 anni e facciamo un semplice calcolo ne ricaviamo che, nel corso della nostra vita, decine di tonnellate di cibo ci attraversano passando lungo il nostro sistema digerente!

Potremmo cominciare a chiederci ora che cosa ha a che fare tutto questo discorso sul DNA con la pasta alla carbonara che abbiamo mangiato a pranzo oggi. La verità è che l'attività del DNA, come ci insegna l'epigenetica, è fortemente condizionata da ciò che mangiamo. Il DNA è dinamico, e non è passivo. Il DNA interagisce con il cibo e i nutrienti in esso contenuto. Il cibo è un vero e proprio stimolo, anzi, è un insieme di innumerevoli stimoli che tutti insieme raggiungono stomaco e intestino e vengono assorbiti ed entrando nel sangue raggiungono le cellule del nostro organismo e quindi il DNA. Ecco che l'interazione tra cibo (o meglio tra i nutrienti) e DNA avviene! Il DNA in risposta a questi "messaggi molecolari" attiva o inattiva (o aumenta o riduce l'attività) di questo o quel gene (manuale d'istruzioni) presente nel genoma (libreria).

E questo è il punto cruciale per la dieta Sirt!

La dieta Sirt pone le sue fondamenta nella scienza dell'epigenetica e nella conoscenza di come alcuni cibi o, più precisamente, alcuni nutrienti presenti in alcuni specifici cibi (appunto i cibi Sirt) possono attivare, inattivare o modulare l'attività di alcuni specifici geni.

Sfortunatamente, lo stile di vita occidentale ha dimenticato come utilizzare gli alimenti per migliorare la salute delle persone. Purtroppo, molti di noi utilizzano il cibo per riempirsi la pancia e non per nutrirsi. Questa situazione, associata ad un eccesso calorico, pone infine le basi alle malattie moderne che conosciamo tutti, come il [diabete](), l'obesità e le malattie cardiovascolari.

Tuttavia, potrete trovare in questo libro un vero e proprio messaggio di speranza. Molto sta nelle nostre mani. Il DNA non è statico, possiamo *hackerarlo* per migliorare la nostra salute e la qualità della nostra vita, se sappiamo come fare. Grazie epigenetica!

La scienza su cui si basa la dieta Sirt è abbondante e convincente.

Nei prossimi capitoli scopriremo come alcuni specifici cibi, i cibi Sirt, sono un concentrato di specifici nutrienti con altissimo potenziale epigenetico (e dimagrante) e quali sono questi nutrienti.

Inoltre, vedremo come la dieta Sirt va attuata dal punto di vista pratico e come funziona dal punto di vista biochimico. In particolare andremo anche a vedere come i cibi Sirt interagiscono con SIRT1. SIRT1 è una specifica proteina presente in molte diverse cellule del nostro corpo, dal muscolo scheletrico al fegato e al cervello, e il suo lavoro è quello di essere un mediatore tra il cibo e il DNA. In altre parole, SIRT1 "riceve" il messaggio portato dai nutrienti presenti nei cibi Sirt e, in base a questi messaggi, attiva, inattiva o modula specifici geni.

Di conseguenza, SIRT1 è un "sensore" di grandissima importanza per il nostro metabolismo e per la nostra salute. Lo scopo di questo libro è spiegare realmente come funziona SIRT1, senza per forza che sia necessario avere una laurea in biologia, rendendoci realmente padroni dei concetti e quindi anche delle nostre scelte alimentari.

Restrizione calorica: il segreto della longevità

L'immortalità è sempre stata un'aspirazione e un desiderio dell'umanità fin dai tempi antichi, con storie e miti di divinità ed esseri immortali presenti in tutte le culture che hanno abitato questo pianeta.

I rappresentanti della specie *Homo sapiens* hanno sempre cercato di trovare dei modi per allungare il più possibile la durata della loro vita. In questo siamo completamenti diversi rispetto a tutte le altre specie. La medicina moderna ha fatto grandi passi in avanti negli ultimi decenni. Se consideriamo l'età media a livello mondiale, nel 1950 l'aspettativa di vita era sotto i 50 anni, mentre oggi abbiamo superato i 70 anni! Una rivoluzione sotto questo aspetto! Tuttavia molti di questi risultati si ottengono con interventi medici invasivi e approcci farmacologici. Puntualizzo: questi approcci sono dei grandi miracoli della scienza e tutti dovremmo ringraziare ogni giorno il fatto che ci sono metodi e farmaci in grado di salvarci la vita! Va tuttavia ricordato che i farmaci sono molecole artificiali e come tali possiedono effetti collaterali. Inoltre, la stragrande maggioranza dei farmaci tratta le malattie ma non le previene e, come ben sappiamo, la prevenzione è la migliore cura. Perciò è importante limitare il consumo di farmaci solo in casi di necessità e, al contempo, trovare metodi per estendere la durata ma soprattutto la qualità della nostra vita.

Come avrete notato, non sto parlando di concetti quali perdita di peso, dimagrimento o dieta per ridurre il girovita, ma sto cercando di focalizzare l'attenzione prima di tutto su qualcosa di più prezioso: la nostra salute.

I due argomenti (perdita di peso e salute) sono in effetti due lati della stessa medaglia e dovrebbero essere sempre considerati insieme. Non c'è salute senza un'adeguata forma fisica: come abbiamo visto all'inizio una persona anoressica o sovrappeso non può definirsi in salute. Non dobbiamo pensare ad una persona obesa come una persona semplicemente grassa. Si tratta in realtà di una persona che soffre di una vera e propria malattia, la cui salute è compromessa.

In definitiva, il concetto di forma fisica di una persona e quello della sua salute dovrebbero andare sempre mano nella mano. Sfortunatamente non sempre ciò accade: ad esempio ci sono casi in cui persone perdono peso e magari raggiungono il cosiddetto "peso forma" ma in un metodo non salutare. Quante diete causano perdita di peso troppo aggressivamente e velocemente nelle persone che le seguono! La conseguenza inevitabile è, in primo luogo, il successivo "effetto yo-yo", che fa disperare il malcapitato e gli fa concludere che tutte le diete sono uguali e non funzionano. In secondo luogo e di maggior gravità, queste diete causano spesso una o più carenze nutrizionali e sbilanci alimentari che possono compromettere la salute. Inoltre, esistono condizioni di persone in cui magari l'aspetto fisico è tonico e con una forma fisica invidiabile, ma al contempo il "dietro le quinte" di questo individuo nasconde una alimentazione sbilanciata e, di conseguenza, qualche parametro di salute non proprio nella norma. Questa situazione non è così rara!

In ogni modo, partendo dai tempi antichi per approdare alla seconda metà del XIX secolo (in poche parole: praticamente tutta la storia dell'umanità!) l'aumento del peso corporeo e del grasso in eccesso non è mai stato un problema significativo per le persone. Casomai il problema era il contrario, cioè trovare accesso al cibo e mangiare per sopravvivere. Inoltre, noi esseri umani del terzo millennio possiamo ora vantare un'aspettativa di vita straordinariamente più alta rispetto a tutti i nostri precedenti avi. Questo è anche il risultato di uno dei grandi obiettivi, tra le varie culture, epoche e popolazioni, della storia dell'umanità, cioè la ricerca della longevità.

Già gli antichi Greci e gli antichi Romani avevano riconosciuto che la longevità era legata in qualche modo all'alimentazione, in particolare alla riduzione del cibo introdotto.

Questo tipo di "dieta", chiamata "restrizione calorica" (o, altrimenti detta, "restrizione dietetica"), è un regime alimentare che fornisce un quantitativo limitato di cibo, riducendolo di almeno il 70% dell'introito calorico rispetto ad una dieta "ad libitum" (cioè senza restrizioni particolari).

Attualmente, dopo un gran numero di studi scientifici condotti su questo argomento da più di un secolo, possiamo affermare con certezza che la restrizione calorica è uno dei modi più riproducibili per estendere la durata della vita. Nonostante i primi studi siano stati eseguiti in organismi diversi da noi, come ad esempio lieviti, vermi e moscerini della frutta, studi successivi in mammiferi (principalmente topi e ratti) si sono rivelati estremamente convincenti. Che cosa hanno scoperto i ricercatori? In poche parole questi ultimi hanno osservato che nutrendo gli animali con una dieta contenente per il 20% cellulosa (che è indigeribile e non apporta calorie) la durata della vita degli animali si allungava significativamente e in maniera importante. Da questi e altri studi, più recentemente anche in uomo, l'idea emergente, e che ha trovato tutti gli esperti del settore concordi, è che la risposta del nostro organismo alla restrizione calorica non è semplicemente passivo ma è invece attivo, e coinvolge tutta una serie di processi e risposte fisiologiche. Potremmo esprimere questo concetto con una metafora pratica. In un momento di crisi economica di una famiglia (ad esempio un padre o una madre che perdono il lavoro e quindi una fonte di reddito) le tipiche risposte possono essere di due tipi. La prima, passiva, intende ridurre le spese e controllare il più possibile le uscite economiche, in pratica mettersi in modalità risparmio stando chiusi in casa a pane ed acqua. La seconda risposta, attiva, intende aumentare le probabilità di trovare un nuovo lavoro, andando in giro a proporsi presso nuovi datori di lavoro, investendo sulle proprie competenze tramite un corso o un master. Questa risposta attiva in realtà può addirittura aumentare i costi (il master lo si paga, andare in giro a consegnare il proprio *curriculum vitae* costa benzina, usura dell'automobile, tempo, risorse mentali e fisiche), infatti ha un obiettivo diverso: ristabilire la fonte di reddito.

Questo esempio, forse un po' "*alla lontana*", si può in realtà applicare bene anche al nostro corpo quando entra in un momento di crisi, in questo caso non economica ma calorica. Dati scientifici alla mano, la risposta a questa crisi è infatti attiva, è altamente conservata tra le specie e si è sviluppata fin dall'inizio della storia della vita (milioni di anni fa) per aumentare il più possibile le possibilità di un animale di sopravvivere alle avversità del mondo primordiale (*Sinclair, Mech Ageing Dev, 2005*).

Ma andiamo a vedere nello specifico questa risposta attiva.

Se il nostro corpo subisce una restrizione calorica, il corpo stesso (più precisamente il suo DNA) percepisce questa situazione come uno stress e come un pericolo alla propria sopravvivenza.

Le conseguenti risposte del corpo (tramite sempre il suo DNA) sono forse contro intuitive ma efficaci: ad esempio, viene aumentata l'attività fisica dell'organismo! Può risultare strano consumare più calorie per fare attività fisica quando le calorie a disposizione cominciano a scarseggiare, ma se ci pensiamo un momento tutto ha un suo senso e altro non è che la risposta attiva del padre o madre di famiglia che ha perso il lavoro e va in giro in auto tutto il giorno alla ricerca di una nuova occupazione. La restrizione calorica parte dallo stesso principio. Aumentando la propensione dell'organismo a muoversi e a fare attività fisica con maggiore impeto, aumentavano anche le chances di trovare fonti di cibo (un albero da frutto, dei tuberi, delle prede da cacciare). Dal punto di vista evolutivo tutto quadra e questo comportamento è stato selezionato dall'evoluzione in quanto vincente per la sopravvivenza nel mondo primordiale dei nostri avi.

Per capire ulteriormente la complessità della restrizione calorica (che è il punto di partenza per capire i concetti su cui si basa il razionale della dieta Sirt) serve citare il concetto di "ormesi".

Un gran numero di scienziati, infatti, hanno proposto che la restrizione calorica esercita uno stress a bassa intensità nell'organismo, e che questo stress a bassa intensità induce nell'organismo stesso un meccanismo di difesa molto finemente regolato che aiuta a proteggerlo dalle cause dell'invecchiamento. Il termine "ormesi" indica proprio l'azione benefica su un organismo che risulta dalla risposta dell'organismo stesso nei confronti di uno stress a bassa intensità (ad esempio la restrizione calorica). Qualche altro esempio di ormesi? Beh ad esempio l'allenamento sportivo, che esercita uno stress al quale il corpo innesca tutta una serie di risposte adattative tali per cui, con il tempo, migliora e diventa più forte. Il principio dell'allenamento e di tutti gli sport si basano sul concetto di ormesi!

Possiamo quindi concludere che (*Sinclair, Mech Ageing Dev, 2005*):

1. Un regime alimentare con riduzione delle calorie introdotto rappresenta uno stress per l'organismo.
2. Gli stress a bassa intensità sono benefici per l'organismo (principio dell'ormesi).
3. In risposta alla restrizione calorica il corpo si mette in modalità sopravvivenza, ma lo fa in maniera attiva, attuando tutta una serie di risposte fisiologiche.
4. Queste risposte fisiologiche aiutano l'organismo a sopravvivere alle avversità modificando il proprio metabolismo e aumentando le difese contro le cause dell'invecchiamento.

Come già detto, nelle attività delle nostre cellule e del nostro DNA niente è lasciato al caso e ogni cosa ha un suo senso evolutivo.

Ecco che quindi torna all'arrembaggio la nostra amica epigenetica!

In questo caso la restrizione calorica rappresenta infatti "l'ambiente" che modifica epigeneticamente il modo di lavorare del DNA e induce una serie di cambiamenti cellulari (che andremo a vedere nelle prossime pagine, senza ovviamente entrare troppo nel tecnico).

Ci sarebbe interessantissimi argomenti e dati scientifici a sufficienza per scrivere un intero libro sugli effetti epigenetici della restrizione calorica. Tuttavia, nel nostro caso, ci basti sapere che la restrizione calorica induce l'espressione di alcuni geni chiamati geni della longevità (o della sopravvivenza). Questi geni della longevità hanno una serie di effetti benefici nella nostra cellula:

1. Aumento della capacità antiossidante. Gli antiossidanti sono molecole che ci proteggono dai radicali liberi, I radicali liberi sono naturalmente prodotti dentro il

nostro corpo e le nostre cellule (anche se non è proprio completamente corretto, possiamo considerare i radicali liberi come una sorta di sostanze di scarto del nostro metabolismo) e, se in eccesso, possono causare danni alle nostre cellule a livello delle nostre membrane, delle nostre proteine e pure del nostro DNA. Gli antiossidanti agiscono come degli scudi nei confronti di questi radicali liberi.

2. Stimolazione del consumo di grassi come fonte di energia (ossidazione dei grassi, conosciuta nel linguaggio comune anche come "effetto brucia grassi").

3. Miglioramento della sensibilità all'insulina. L'insulina è un ormone secreto dal pancreas che aiuta a regolare il livello di glucosio nel sangue (la glicemia) abbassandolo quando c'è una condizione di iperglicemia (eccessivo glucosio nel sangue).

Sembra tutto molto positivo, e in effetti lo è! Chi non vorrebbe trovare un modo per aumentare la propria salute e allo stesso tempo perdere peso per l'effetto "brucia" grassi e grazie ad un miglioramento della sensibilità insulinica?

Ebbene, andando a leggere la letteratura scientifica sembrerebbe che la restrizione calorica sia una strada molto efficiente per raggiungere questi obbiettivi.

Tuttavia, abbiamo visto solo la faccia scintillante della medaglia.

Proviamo a ruotarla e vedere cosa c'è dietro.

Il lato oscuro della restrizione calorica

Se la restrizione calorica sembra avere una reale efficacia nel supportare la nostra salute e la nostra forma fisica, e se è un'affermazione così solida a livello scientifico, perché allora sono così poche le persone che seguono questo regime dietetico? Come mai così pochi medici, biologi nutrizionisti e dietisti consigliano questo approccio ai loro pazienti?

La domanda è più che lecita, la risposta non immediata e che coinvolge più motivazioni. Tuttavia, volendo riassumere in un'unica frase il motivo per cui la restrizione calorica è stata (finora) poco popolare è semplicemente il fatto che questo approccio non è adatto ed efficace per tutti, non tutti possono affrontarla facilmente e non per tutti i benefici superano i costi in termini di salute. Inoltre la restrizione calorica difficilmente può essere seguita continuamente tutti i giorni dell'anno e, quando fatta, deve essere eseguita molto attentamente. Andiamo a vedere un po' più nel dettaglio questi aspetti.

Prima di tutto, dobbiamo sempre considerare l'aspetto psicologico di una dieta o di qualsiasi cambio di abitudini, specialmente se stiamo parlando di abitudini alimentari e specialmente se stiamo parlando di abitudini alimentari di un italiano, per il quale il cibo e le ricette della tradizione (ad ogni regione le sue, una più buona dell'altra) sono elementi sacri! Una persona non può stare per sempre in restrizione calorica limitandosi e finendo i pasti con la fame. Dal punto di vista biologico è possibilissimo (anzi è vantaggioso, ce lo dicono gli studi), dal punto di vista psicologico è un macigno che rischia di schiacciarci! C'è bisogno di forza di volontà, si riesce a tenere duro per un po' ma alla fine si cede, prima o poi. Per una persona del terzo millennio ancora di più. Come abbiamo già detto le occasioni per mangiare, a casa e fuori casa, con cibi pronti, *fast food*, pizza a domicilio, *street food*, gelato nel freezer, gelato fuori dal freezer, sono tantissime! *Mi mangio un cioccolatino, cosa sarà mai, da domani faccio dieta lo giuro*, ve la siete ripetuti una frase simile, vero?!

Capiamo subito, quindi, che in una dieta anche l'aspetto psicologico deve essere considerato, ricordiamoci che le emozioni, sia quelle buone che quelle cattive, hanno una base molecolare. Queste molecole agiscono nel cervello e ci fanno essere felici e soddisfatti con in mano un mega gelato al cioccolato o depressi di fronte ad un'insalatina scondita. In realtà queste molecole non agiscono solamente nel cervello ma hanno tutta una serie di ripercussioni a livello sistemico in tutto il corpo. Gli effetti poi diventano non solo di sensazioni e di emozioni ma anche corporali veri e propri. In poche parole essere felici fa bene anche alla forma fisica. Il cibo non è solo un ammasso di nutrienti messi insieme da inserire nel nostro corpo, come una moneta in un distributore automatico, ma ha anche un ruolo molto emotivo nella nostra vita, un ruolo di "apportatore di piacere". Cucinare può inoltre diventare un'attività di stimolazione cerebrale positiva, a volte può addirittura essere divertente, e cenare o pranzare insieme alla nostra famiglia o i nostri amici è una importante occasione per coltivare la socialità (del resto sappiamo bene che l'uomo è un animale sociale) e in definitiva essere un po' più felici.

In questo contesto la restrizione calorica può rappresentare un ostacolo agli effetti psicologici positivi del cibo. Non per forza, può essere gestita anche sotto questo aspetto, ma non tutte le persone ne sono facilmente in grado. Specialmente se la restrizione calorica è eccessivamente prolungata o in caso in cui si pensi che se *"un po' è bene"*, *"di più è meglio"*! in biologia e nella nutrizione questo è assolutamente falso: ricordate il discorso dell'ormesi? "Uno stress a bassa intensità fa bene", se invece di essere a bassa intensità lo stress è ad alta intensità, ecco che invece di essere benefico esso porta effetti negativi al corpo. Prendiamo ad esempio chi si fa prendere la mano dalla restrizione calorica, pian piano finisce che tende a digiunare. Attenzione a non confondere restrizione calorica con digiuno, sono cose molto diverse. La prima è assimilabile al concetto di "riduzione", l'altra, invece, è una vera e propria "eliminazione"! Un circolo vizioso abbastanza comune che si instaura in chi comincia a simpatizzare con il digiuno (in genere perché si ritiene troppo grasso o grassa), e che mostra molto bene l'importante ruolo psicologico del cibo, è quello del saltare completamente la cena con fortissima determinazione fino alle 22... poi lo stomaco comincia a brontolare, ma "no no no, ho detto che stasera salto completamente la cena!". Allo scoccare delle 23 lo stomaco dà segnali di protesta ancora più forti... ed eccoci allo spuntino di mezzanotte un bel panino col prosciutto con paté di rimorso e latte con cereali e senso di colpa. *Oggi ho perso la battaglia ma domani sera salto la cena lo giuro*: e il circolo vizioso comincia. A volte ci sono le varianti con il pranzo saltato, molto comodo per chi lavora tutto il giorno e magari con la furia del fare si "dimentica" di mangiare ma poi mangia per tre a cena. Dopo un po' i risultati di questa restrizione calorica che si è trasformata in digiuno non solo sono deludenti ma anzi, sono controproducenti e il risultato finale è la bandiera bianca alzata, *non c'è nulla da fare, mi arrendo, sai che ti dico? La pancia me la tengo, è sexy!*

La questione della sostenibilità della dieta non è l'unico problema della restrizione calorica. Infatti ci sono anche altre ragioni molto più pragmatiche e prettamente biologiche tali per cui la restrizione calorica, specialmente se applicata continuamente senza interruzioni, diventa svantaggiosa.

Come prima cosa, la restrizione calorica può portare ad alcune carenze nutrizionali di uno o più nutrienti essenziali (ad esempio vitamine, sali minerali, amminoacidi essenziali ed acidi grassi essenziali, specialmente della serie omega-3). Le persone in restrizione calorica devono essere molto attente nel non farsi mancare questi nutrienti, e il compito non è così facile senza la consulenza di un tecnico del settore, come un biologo nutrizionista o un medico della nutrizione. Se qualche carenza insorge, quest'ultima porta lentamente ad una riduzione del senso di energia, fatica cronica, maggiore difficoltà nel raggiungere il proprio peso forma, in poche parole un peggioramento dello stato di salute e della qualità della vita. Il pericolo è che queste condizioni di carenza sono subcliniche, ovvero non danno dei veri e propri sintomi tali per cui possano essere facilmente riconoscibili. Il fatto di essere così facilmente sottovalutate e trascurate le rende pericolose nel lungo termine.

Attenzione quindi a non pensare che vivere nel terzo millennio in cui, come abbiamo detto, la disponibilità di cibi è illimitata, significhi non essere a rischio di carenze nutrizionali. Tutt'altro! Se mettiamo a confronto gli inizi del Novecento con i giorni nostri, riscontriamo che gli alimenti di un secolo fa erano molto più naturali, genuini e ricchi di nutrienti, in quanto non subivano processi di lavorazione industriale con lo scopo di aumentarne la *shelf life* o la palatabilità. Passavano direttamente dal produttore al consumatore. Questo permetteva al cibo di conservare le vitamine, i minerali e gli altri nutrienti in esso contenuti. I cibi di oggi più sono lavorati e più subiscono processi industriali, più si impoveriscono di nutrienti. Un po' come uno di quei giochi estivi che si facevano negli anni '90 quando ero ragazzo, la corsa con le bacinelle d'acqua. Praticamente era una staffetta in cui si doveva cercare di correre da un punto all'atro con in mano una bacinella d'acqua e la si passava al compagno, ad ogni passaggio la bacinella aveva meno acqua, un po' persa durante la corsa, un po' fuoriuscita nella consegna al compagno subito dopo di te. Ecco, è la stessa cosa nelle lavorazioni industriali dei cibi: come regolina da memorizzare possiamo dire che quando i cibi subiscono una lavorazione industriale, perdono parte dei loro nutrienti (*Simopoulos, Biomed Pharmacother, 2002*). Qualche esempio, forse banale: le noci le compro sempre col guscio e mai già sgusciate: quest'ultime costano di più e molto probabilmente hanno un po' di nutrienti in meno: ben venga quindi quella minima fatica in più che serve per romperle con lo schiaccianoci; le carote nel sacchetto alla julienne lasciamole nel banco del supermercato, meglio una intera, lavata e preparata da noi; il formaggio grana compriamolo intero e non nei sacchetti già grattugiato (azione che potrebbe essere considerata un sacrilegio dentro i nostri confini nazionali italiani!).

Un secondo aspetto da considerare è che la restrizione calorica, se troppo marcata o troppo prolungata, può compromettere il nostro muscolo scheletrico. Il muscolo scheletrico è, in termine di dimensioni, l'organo più esteso del nostro corpo e, come dice il nome stesso, è quella tipologia di muscolo che è collegato alle ossa dello scheletro tramite i tendini e le articolazioni e che ci permette di stare in piedi, camminare, muoverci, tenere in mano questo libro. In realtà è molto più di questo. È infatti un elemento di fondamentale importanza per il raggiungimento (il mantenimento) di uno stato di salute ottimale. Le cellule del muscolo (i miociti) sono estremamente ricche di mitocondri, le centrali energetiche delle cellule del nostro corpo. È fondamentale avere una buona quantità di massa muscolare, che a sua volta permette di avere una sufficiente quantità di mitocondri nel muscolo stesso (o meglio dentro le sue cellule). I mitocondri sono infatti in grado di generare energia a partire da carboidrati e grassi. In altre parole (e semplificando un pochino), avere più mitocondri nel muscolo significa "bruciare" più grassi e carboidrati, rendendo più semplice l'obiettivo di avere un fisico più snello.

Per avere una sufficiente massa muscolare, uno degli stratagemmi più efficaci è l'attività fisica, quindi è importante che ci assicuriamo di avere un piano di allenamento settimanale. Non è importante quale sport praticare, l'importante è fare qualcosa che piaccia e che si riesca a fare con costanza nei mesi e negli anni. Questo ci permette di continuare a svolgere dell'attività fisica (se andare in palestra o al parco a fare una corsa ha importanza secondaria) e così facendo i muscoli rimarranno attivi e non si "rammolliranno". Inoltre, assicuriamoci di includere delle fonti di proteine nella nostra dieta.

Come vedremo nei prossimi capitoli, la dieta Sirt cerca di "prendere due piccioni con una fava", ovvero sfruttare i benefici della restrizione calorica senza però le complicazioni della restrizione calorica. Per fare ciò, la dieta Sirt ci suggerisce di includere nella nostra dieta alcuni specifici cibi (i cibi Sirt) che, a parte alcuni casi particolari (come la soia e il grano saraceno), non sono particolarmente abbondanti in proteine. Perciò è consigliabile combinare le proprietà di questi alimenti con cibi ricchi di proteine (ad esempio uova, carne bianca, pesce, legumi). Considera inoltre che non tutte le fonti proteiche sono uguali!

Uno sgombro al vapore non è la stessa cosa di una salsiccia alla griglia!

Nel primo le proteine sono associata ad altri nutrienti utili al nostro organismo, come ad esempio vitamine, minerali e acidi grassi polinsaturi omega-3 (molto utili alla nostra salute), mentre nel secondo le proteine sono a braccetto con moltissimi acidi grassi saturi (che si accumulano nelle arterie) e con molecole tossiche generatesi dalla cottura ad alte temperature della grigliata.

Buone fonti proteiche sono quindi la carne magra (ad esempio il pollo, il tacchino e altro pollame), uova, pesce, yogurt greco, ricotta, legumi (ad esempio: soia, fagioli, piselli, lenticchie, ceci). Tieni conto, nel caso stessi cercando di ridurre l'introito di carboidrati, che i legumi contengono anche un discreto quantitativo di carboidrati.

Per concludere, soppesando i pro e i contro, la restrizione calorica può essere, in teoria, una buona scelta per perdere peso e vivere più a lungo e in salute ma, sul piano pratico, incontra alcuni ostacoli che rendono la sua applicazione difficoltosa.

Cosa possiamo fare dunque?

Arrenderci e mangiare sregolati come abbiamo sempre fatto perdendo queste opportunità?

Fortunatamente, un'alternativa esiste: la dieta Sirt, che ci permette sia di perdere i chili in eccesso e sia mangiare godendo del piacere del cibo.

Tuttavia per arrivarci dobbiamo prima entrare nel "magico e misterioso", ma in realtà molto scientifico, mondo delle sirtuine, i "geni magri".

Indizi dal lievito

I primi passi dell'identificazione dei meccanismi e degli ingranaggi molecolari che governano le complesse risposte fisiologiche alla restrizione calorica arrivarono dalle osservazioni nel lievito di birra (*Saccharomyces cerevisiae*). Circa 20 anni fa, i ricercatori osservarono che una specifica proteina di questo organismo, chiamata Sir2, aveva un ruolo determinante nella durata della vita del lievito. Infatti, l'espressione e l'attività di Sir2 rallentava l'invecchiamento e aumentava la durata della vita del lievito, mentre cellule di lievito che erano senza Sir2 morivano prima (*Kaeberlein et al., Gene Dev, 1999*).

La cosa si faceva sempre più intrigante quando altri ricercatori invece scoprirono che gli effetti positivi della restrizione calorica su lievito erano abrogati in caso di assenza di Sir2, indicando che proprio Sir2 mediava gli effetti della restrizione calorica (*Imai, Cell Biochem Biophys, 2009*).

A partire da queste ricerche pioneristiche, molte altre ne vennero fatte in altri animali modello utilizzati nella ricerca biomedica. Dai vermi ai moscerini della frutta: ognuno aveva le proprie varianti di Sir2, tuttavia il loro effetto non variava. Non solo queste varianti specie-specifiche avevano funzioni simili a Sir2 ma, sorprendentemente, queste funzioni potevano essere attivate indipendentemente dalla restrizione calorica!

La chiave molecolare che apriva le porte agli effetti benefici della restrizione calorica era stata identificata!

Il passo successivo era capire che succedeva nell'*Homo sapiens*.

Sirtuine e SIRT1

All'inizio del terzo millennio gli scienziati stavano muovendo i passi successivi e scoprirono che gli effetti osservati nel lievito e negli altri organismi semplici erano applicabili anche all'uomo!

L'eccitazione sulle possibili applicazioni era palpabile!

Ora sappiamo che Sir2 appartiene ad una specifica famiglia di proteine, chiamate "sirtuine". Dal punto di vista biochimico, le sirtuine sono "proteine diacetilasi NAD+ dipendenti", però per quanto ci riguarda ci basti sapere che la famiglia delle sirtuine è altamente conservata in tutte le specie, dai batteri agli umani. Per una proteina essere altamente conservata significa che è presente in tutti gli esseri viventi (o comunque nella maggior parte) e che la sua funzione è vitale per gli esser viventi, che l'hanno conservata in quanto preziosa per la loro sopravvivenza. Le sirtuine, infatti, sono importanti regolatrici del metabolismo, di meccanismi che controllano l'invecchiamento e, come scopriremo tra poco, anche del controllo del peso corporeo.

Le sirtuine sono molecole veramente antiche nell'evoluzione delle specie e la loro funzione è cruciale per la vita. Inoltre conservano una struttura molto simile tra le sirtuine di diverse specie. In altre parole la sirtuina del lievito di birra (che abbiamo visto si chiama Sir2) è molto simile anche alla sirtuina del verme, alla sirtuina del moscerino della frutta, alla sirtuina del topo e anche alla sirtuina degli uomini. Questo indica che molto probabilmente le diverse sirtuine hanno anche la stessa funzione (o molto molto simile). Volendo fare un esempio, se non fossimo avvezzi alla vita di campagna e ci imbattessimo in un oggetto simile ad una forchetta ma più grande (un forcone) potremmo dedurre che probabilmente quell'oggetto ha funzioni simili alla forchetta (e in effetti le funzioni del forcone sono simili alla forchetta, cioè quella di raccogliere con le sue punte del materiale e spostarlo da un posto ad un altro).

Tornando alle sirtuine, potremmo quindi dedurre che se Sir2 estende la durata della vita del lievito di birra, allora la sirtuina umana dovrebbe molto probabilmente fare lo stesso!

In realtà nell'uomo il tutto è un filino più complicato (e ti pareva!).

Mentre i batteri e altri microorganismi (il nostro amico lievito *Saccharomyces cerevisiae* incluso) possiedono solo uno o due tipi di sirtuina, i mammiferi (*Homo sapiens* compreso) ne possiedono ben sette, chiamate molto fantasiosamente SIRT1, SIRT2, SIRT3, SIRT4, SIRT5, SIRT6, e SIRT7. Tuttavia, la più importante, studiata e più interessante nella dieta Sirt è SIRT1.

SIRT1 (il cui nome sta per "*silent mating type information regulation 2 homolog 1*") è la sirtuina dei mammiferi più simile in struttura e funzioni alla sirtuina di lievito Sir2 che abbiamo visto poco fa, e questo è uno dei motivi principali per cui è stata abbondantemente la più studiata dai ricercatori tra le sette sirtuine mammifere negli ultimi vent'anni.

SIRT1 è presente in diversi compartimenti del nostro corpo, a partire dal muscolo scheletrico fino al tessuto adiposo, così come anche in molti altri organi come il fegato, il cuore e il cervello. Nelle cellule di questi tessuti, SIRT1 si muove tra due diversi compartimenti: il citoplasma, che è la zona periferica della cellula, e il nucleo, che è il "centro di comando" della cellula, dove il DNA è presente e agisce dettando i suoi ordini che vengono spediti in tutte le zone della cellula. Più nello specifico, SIRT1 fa la spola tra citoplasma e nucleo, da nucleo a citoplasma. Nel citoplasma, infatti, aspetta le informazioni dall'ambiente esterno e, quando le riceve, si incammina rapido come un veloce e affidabile messaggero fino al nucleo, dove comunica le informazioni al DNA. Vedremo in seguito quali sono le informazioni dell'ambiente che attivano SIRT1 e che lo fanno muovere verso il DNA. Una volta nel nucleo, SIRT1 agisce come un vero e proprio regolatore e intermediario epigenetico: le informazioni che porta al DNA modificano le attività del DNA stesso, andando ad attivare o inattivare specifici geni. Il risultato è il cambiamento delle attività e funzioni della cellula e quindi di interi organi!

Mi spiego meglio con una metafora in quanto questo punto è molto importante per capire l'anello di congiunzione tra ciò che mangiamo e come il nostro DNA lavora.

Immaginiamo di avere una azienda (alias la cellula) che produce automobili. Abbiamo il Consiglio di Amministrazione aziendale (alias il DNA) che spedisce ordini (alias i geni) ai propri operatori (tutte le altre componenti della cellula) ognuno con le proprie funzioni che, insieme, producono automobili che vengono vendute nel mercato. Esiste anche un analista (alias SIRT1) che, appunto, analizza il mercato (alias l'ambiente) e cerca di trarre delle informazioni utili per l'azienda per cui lavora. Una volta che recepisce un'informazione, va subito diretto al centro di comando e dice ai dirigenti: "*Signori, le automobili a benzina non vanno più di moda ora, adesso c'è richiesta di automobili elettriche!*". A questo punto i dirigenti decidono di cambiare la strategia aziendale immediatamente. Cambiano le direttive. Smettono di impartire ai propri operatori gli ordini necessari a costruire automobili a benzina (alias inattivazione di alcuni geni), o comunque ne riducono il quantitativo, e cominciano a impartire ordini per costruire automobili elettriche (alias attivazione di altri geni).

Ogni cellula è una sorta di piccola azienda che esegue un lavoro che si adatta in base alle informazioni ricevute dall'ambiente (è il concetto stesso di epigenetica!).

SIRT1 (il nostro analista aziendale) è fondamentale in questo processo. Svolge infatti un ruolo chiave di mediatore epigenetico che coordina le risposte metaboliche dei vari organi alla presenza o meno di nutrienti all'interno del nostro organismo. Ecco, quindi, quali sono le informazioni che SIRT1 recepisce: la presenza di alcuni nutrienti provenienti dai cibi che noi mangiamo. Rimangono tuttavia ancora molte domande a cui dobbiamo ancora dare una risposta.

Quali cibi?

Quali nutrienti?

E, in particolare, qual è il collegamento con la restrizione calorica?

Domande più che lecite, che affronteremo a breve.

Ma prima ancora di vedere come attivare SIRT1 è importante chiedersi cosa succede quando attiviamo SIRT1. La risposta non è così immediata in quanto, a seconda di dove si trova SIRT1 (nel cuore, nel muscolo scheletrico, nel cervello, eccetera), avremo diversi effetti organo-specifici. Quindi nel momento in cui attiviamo SIRT1, questo si può attivare contemporaneamente in diversi comparti dell'organismo.

Nonostante la complessità biologica degli effetti di SIRT1 nel nostro organismo, possiamo riassumerli con una semplice affermazione.

Così come l'attività del suo omologo Sir2 estende la durata della vita nel lievito, così anche l'attivazione di SIRT1 ha un effetto anti-invecchiamento e allunga la durata della vita nell'uomo!

Andiamo a vedere ora quali sono questi effetti e dove SIRT1 li esercita.

Ricordiamoci che alla base della dieta Sirt vi sono proprio le funzioni di SIRT1. Nei prossimi capitoli cercherò di non essere troppo tecnico ma, fidatevi, la comprensione della vera scienza che sta dietro la dieta Sirt è veramente importante per essere padroni della propria nutrizione e del proprio stile di vita e non essere un semplice fan di questa o quella dieta del momento.

SIRT1 e muscolo scheletrico

Come già accennato, SIRT1 è una proteina che troviamo in diversi distretti dell'organismo e l'azione di SIRT1 aumenta la durata della vita e rallenta l'invecchiamento. Molte di queste azioni possono essere sfruttate per il raggiungimento del peso forma riducendo la massa grassa senza andare ad intaccare la massa muscolare. Abbiamo già visto che il muscolo è estremamente importante sia per la salute in generale, sia per mantenere una forma fisica tonica.

Il muscolo scheletrico è particolarmente ricco di SIRT1. In questa sede è pronto per ricevere input che lo attivino. Una volta attivato nei miociti (le cellule del muscolo) SIRT1 esercita due principali azioni.

Innanzitutto, SIRT1 cambia la tipologia di carburante utilizzato dal muscolo (per stare in piedi, muoversi, correre, eccetera): diminuisce l'ossidazione dei carboidrati e aumenta l'uso di grassi come fonte energetica. Di solito sono i carboidrati ad essere la fonte energetica preferita dal muscolo. Questi si trovano sotto forma di glucosio o di glicogeno (la nostra scorta di glucosio extra che si trova, appunto, dentro il muscolo). I grassi invece ("sfortunatamente" per chi cerca di dimagrire) sono solitamente utilizzati con più difficoltà. Questo è uno dei motivi principali per cui la pancia grassa è così difficile da eliminare. Si tratta di un vero e proprio meccanismo di sopravvivenza: per i nostri antenati del periodo preistorico era molto importante accumulare il grasso nel tessuto adiposo (o più propriamente detto organo adiposo) e conservarlo il più a lungo possibile per poi utilizzarlo in casi di carestia. Ciò significava che durante i periodi in cui il cibo si trovava il consumo di grasso era fondamentale per la sopravvivenza. Era una sorta di "cassa di risparmio" di calorie per i tempi duri. E questo ci ha salvato come specie e ci ha permesso di arrivare fino ai giorni nostri! Il grasso accumulato è stato una fonte energetica di grande importanza per la sopravvivenza per i nostri antenati. Il "problema" dei giorni nostri è che i tempi magri ormai non ci sono più per noi privilegiati del mondo occidentale. Non abbiamo mai provato la fame e l'accesso al cibo, come già abbiamo detto, è praticamente illimitato. Il meccanismo di sopravvivenza, che ha salvato i nostri avi, diventa ora uno svantaggio qualora l'introito calorico diventi eccessivo. In questo contesto le funzioni di SIRT1 sono estremamente utili per indurre l'organo più voluminoso del nostro corpo, il muscolo scheletrico, a consumare il grasso in eccesso. La seconda attività di SIRT1 nel muscolo è collegata alla prima. Affinché vengano "bruciati" e consumati come substrati energetici, i grassi devono entrare dentro delle "fornaci cellulari" che siano in grado di scomporli e produrre energia a partire da essi. Queste fornaci cellulari sono i mitocondri, che abbiamo già visto e che sono tanto importanti sia per la nostra salute in generale sia per sostenere il mantenimento della forma fisica. I mitocondri prendono i grassi o meglio, in linguaggio biochimico più corretto gli acidi grassi, e li "bruciano" in presenza di ossigeno che respiriamo tramite i polmoni (da qui il termine ossidazione dei grassi). Immaginiamo i mitocondri come dei piccoli fagioli coperti da due membrane sparsi dentro tutto il citoplasma della cellula, in grado di bruciare grassi (o, alternativamente, carboidrati) come per produrre energia sotto forma di ATP. L'ATP è quel composto organico che fornisce l'energia necessaria ai vari e molteplici processi che svolgono le cellule dei viventi.

Ebbene, SIRT1 è in grado di aumentare il numero di questi fagioli-fornaci nelle cellule del muscolo. Aumentando il numero di mitocondri aumenta anche la capacità di ossidazione dei grassi dei mitocondri stessi e quindi del muscolo. SIRT1, infatti, stimola le funzioni di un'altra proteina, PGC-1 alfa, che regola e induce la produzione dei nuovi mitocondri.

Infine, dati scientifici riportano che, nei miociti, SIRT1 contribuisce al miglioramento della sensibilità insulinica. L'insulina è un ormone prodotto dal pancreas ed è un regolatore cruciale della glicemia, cioè il quantitativo di glucosio nel sangue (*Imai, Cell Biochem Biophys, 2009*). In poche parole, l'insulina "dice" alle nostre cellule di assorbire glucosio quando la glicemia è troppo alta. Questo meccanismo finemente regolato nel quale interviene l'insulina è necessario per mantenere la glicemia entro un certo *range*, affinché la glicemia non sia né troppo alta (iperglicemia) né troppo bassa (ipoglicemia). Situazioni di iperglicemia cronica (ovvero costantemente protratta nel tempo) sono tossiche per la salute e sono il punto di partenza verso patologie come il diabete mellito e la sindrome metabolica. SIRT1 aiuta l'insulina a lavorare in maniera efficace, rendendo l'entrata di glucosio nelle cellule più efficiente prevenendo quindi situazioni di iperglicemia cronica.

> **LO SAPEVI CHE le proteine sono macronutrienti fondamentali nel promuovere la salute?**
>
> La maggior parte delle biomolecole del nostro corpo (ad esempio anticorpi, enzimi, neurotrasmettitori, fibre contrattili e molte altre tipologie) sono proteine. Le migliori fonti di proteine alimentari sono le fonti di derivazione animale, in quanto contengono un maggiore quantitativo di amminoacidi essenziali. Gli amminoacidi essenziali sono quegli amminoacidi che il nostro corpo non è in grado di sintetizzare autonomamente e deve quindi per forza ottenerli dagli alimenti. Alcuni amminoacidi essenziali sono in grado di supportare l'attività di SIRT1 nel cuore e nel muscolo scheletrico (*D'Antona et al., Cell Metab, 2010*).

Per concludere, le azioni di SIRT1 nel muscolo scheletrico sono molte e molto importanti, sia per la salute che per la eliminazione degli acidi grassi in eccesso. Una volta attivata nelle cellule muscolari, SIRT1 aumenta il numero di mitocondri, contribuisce ad un maggiore consumo di grassi (dovuto anche proprio all'aumentato numero di mitocondri) e aiuta ad ottenere un migliore controllo della glicemia.

SIRT1 nell'organo adiposo

Prima di analizzare cosa SIRT1 fa nel tessuto adiposo, ovvero nella "ciccia" che abbiamo nell'addome, nei glutei, nelle cosce e in altre zone del corpo, dobbiamo prima di tutto puntualizzare due cose importanti.

La prima è che il tessuto adiposo non è un semplice "magazzino" (e fonte di tristezza per chi ne ha in eccesso!) di acidi grassi. Il tessuto adiposo è invece un vero e proprio organo (infatti è più corretto chiamarlo "organo adiposo") che interagisce attivamente con altri organi e tessuti. In particolare, secerne un gran numero di ormoni che regolano il nostro metabolismo e l'introito calorico. Uno dei più importanti è l'adiponectina. L'adiponectina è un prezioso alleato per una buona forma fisica in quanto promuove la sensibilità insulinica migliorando la gestione del glucosio, proteggendoci dal diabete e contrastando l'obesità. Inibisce infatti la costruzione di nuovo tessuto grasso e stimola il consumo di grassi a scopo energetico. L'adiponectina è prodotta dall'organo adiposo durante la restrizione calorica e anche durante l'esercizio fisico. Una volta prodotta, viene riversata nel sangue dove viene trasportata ai vari distretti dell'organismo a svolgere i suoi compiti.

Le persone magre producono più adiponectina rispetto alle persone sovrappeso. Studi recenti hanno mostrato, inoltre, che l'adiponectina attiva SIRT1, indicando quindi un collegamento tra la restrizione calorica e SIRT1.

Il secondo aspetto da considerare sull'organo adiposo è che esso è composto da diversi tipi di tessuti adiposi: non c'è un "unico" tessuto adiposo! I due principali tessuti adiposi sono il tessuto adiposo bianco (WAT, dall'inglese *white adipose tissue*) e il tessuto adiposo bruno

(BAT, dall'inglese *brown adipose tissue*). BAT è abbondante nei piccoli mammiferi e nei neonati ed è molto importante per questi cuccioli per sopravvivere a fredde temperature, mentre gli adulti contengono un maggior quantitativo di WAT. La funzione principale di WAT (anche se non l'unica) è quella di immagazzinare energia ed acidi grassi in eccesso sotto forma di grasso, mentre BAT è un tessuto specializzato nel dissipare energia tramite calore. In pratica BAT prende acidi grassi e li "butta dentro" le fornaci cellulari che abbiamo visto prima, i mitocondri. Nei mitocondri gli acidi grassi sono bruciati come al solito per generare energia, solo che in questo caso l'energia prodotta non si trasforma in ATP ma si trasforma in vero e proprio calore che serve ad esempio a scaldare un neonato. Il tessuto adiposo bruno BAT è quindi particolarmente interessate per chi è interessato al dimagrimento.

Bene, ora che abbiamo svelato alcune delle caratteristiche dell'organo adiposo, andiamo a vedere cosa ci fa SIRT1 là dentro. Innanzitutto, SIRT1 aiuta a "sciogliere i grassi". Uno studio pubblicato nella prestigiosissima rivista *Nature* ha infatti dimostrato che, nel tessuto adiposo bianco WAT, SIRT1 disattiva il gene PPAR-gamma (*Peroxisome proliferator-activated receptor gamma*). PPAR-gamma (non vi spaventate dal nome) è uno dei principali responsabili dell'accumulo di grasso nel WAT. Reprimendo PPAR-gamma, SIRT1 inverte il trend e quindi stimola il rilascio di acidi grassi in forma libera nel sangue (*Picard et al., Nature, 2004*). Da qui, gli acidi grassi liberi saranno portati ai diversi tessuti (in particolare al muscolo scheletrico: vi ricordate dell'aumentata ossidazione dei grassi nei miociti dovuta all'azione di SIRT1?) dove saranno utilizzati come fonte energetica.

Un altro effetto molto importante e vantaggioso di SIRT1 nell'organo adiposo è la capacità di trasformare il tessuto adiposo bianco WAT metabolicamente poco attivo (l'immagazzinatore di grassi) nel "brucia grassi" tessuto adiposo bruno BAT. L'effetto netto è un aumento di consumo calorico nella giornata e, degno di nota, alcuni dati mostrano che ridurre il quantitativo di WAT significa aumentare la durata della vita (*Picard et al., Nature, 2004*).

SIRT1 nel fegato

Il fegato è uno dei centri di controllo del nostro metabolismo. Dopo aver ricevuto stimoli e informazioni da diversi distretti del corpo, il fegato costruisce nuove molecole, quelle utili alle funzioni dell'organismo, e distrugge quelle non più necessarie o potenzialmente tossiche.

Nel fegato, SIRT1 regola il metabolismo del colesterolo e riduce la sintesi di nuovo LDL, il famoso "colesterolo cattivo" (chiamato cattivo in quanto tende ad accumularsi nelle pareti delle arterie promuovendo nel tempo l'aterosclerosi e altre patologie cardiovascolari).

SIRT1 attiva anche il trasporto inverso del colesterolo, un processo nel quale il fegato pulisce l'eccesso di colesterolo dal corpo riassorbendolo.

Inoltre, SIRT1 stimola l'ossidazione degli acidi grassi anche da parte del fegato e, allo stesso tempo, blocca la sintesi di nuove molecole di grasso.

SIRT1 nel cervello

Come abbiamo già visto, uno degli effetti più stupefacenti e inaspettati che osservarono i ricercatori studiando la restrizione calorica fu l'aumento dei livelli di attività fisica e, quindi, del consumo calorico quando la disponibilità di cibo era ridotta.

Come già menzionato, ciò ha in realtà perfettamente senso dal punto di vista evolutivo in quanto induce l'organismo a muoversi e ad agire cercando attivamente nuove fonti di cibo e nuove risorse.

Nel 2010 è stata fatta luce sul meccanismo tale per cui la restrizione calorica induce l'aumento di attività fisica e di spesa calorica. Indovinate un po'? Ebbene sì, la faccenda ha ancora a che fare con SIRT1! In questo caso però agisce direttamente nel centro di comando di tutto il nostro corpo, il cervello, più precisamente in una specifica parte di esso, l'ipotalamo. Quest'ultimo è una struttura situata nella parte più profonda del cervello. È fondamentale per controllare moltissime attività primarie tra cui la fame, la temperatura corporea e il consumo calorico.

I livelli di SIRT1 nell'ipotalamo cambiano in risposta all'alimentazione. Durante l'eccesso calorico SIRT1 scarseggia nell'ipotalamo, mentre durante la restrizione calorica SIRT1 è abbondante nell'ipotalamo. È proprio SIRT1 che induce, a partire dall'ipotalamo, un incremento di attività fisica e un aumento della temperatura corporea, portando in ultimo ad un'aumentata spesa energetica del corpo (*Satoh et al., J Neurosci, 2010*).

Inoltre, l'attività di SIRT1 nell'ipotalamo protegge dall'obesità e dal diabete, in quanto topi privi di SIRT1 nell'ipotalamo sono più suscettibili a queste patologie.

SIRT1 nel cuore

Una delle malattie associate all'invecchiamento più frequenti è l'aterosclerosi, una condizione caratterizzata da alterazioni delle pareti delle arterie, che perdono la propria elasticità, che comporta perciò un aumento della pressione sanguigna (ipertensione). L'aterosclerosi è in parte causata dall'infiammazione cronica dei vasi sanguigni. Con l'invecchiamento cellulare si indeboliscono le naturali difese nei confronti dei radicali liberi e si riduce la velocità di rigenerazione dei tessuti. Queste condizioni possono compromettere la salute dei vasi sanguigni. L'attività di SIRT1 a livello di questi ultimi permette di ridurre l'accumulo delle placche aterosclerotiche e, inoltre, di mantenere bassa la pressione sanguigna. È stato inoltre dimostrato che SIRT1 è vitale anche per la normale funzione cardiaca in quanto aumenta la tolleranza ad ischemia del miocardio e protegge dall'ipertrofia cardiaca. Nel cuore SIRT1 stimola anche l'ossidazione dei grassi (*Chang & Guarente, Trends Endocrinol Metab, 2014*).

Come attivare SIRT1

Abbiamo appena visto le molte attività di SIRT1 in molti dei nostri tessuti e organi del nostro corpo. Degno di nota è il fatto che le azioni viste nei precedenti capitoli sono solo una piccola parte del lavoro di SIRT1. Ho pensato però di focalizzare il discorso solo sulle sue azioni utili per la perdita di peso e per rallentare l'invecchiamento (i cosiddetti effetti *anti-ageing*).

Inoltre, va ricordato che gli esseri umani, come tutti i mammiferi, hanno sette sirtuine e SIRT1, sebbene sia la più studiata e la più interessante nel nostro caso, è solo una delle sette. Le altre sirtuine hanno anche loro importanti funzioni nel nostro organismo, e molte di queste agiscono in sinergia con SIRT1. In aggiunta, la ricerca scientifica in questo campo sta lavorando sodo per scoprire nuovi pezzi del complicato puzzle della restrizione calorica, sirtuine e invecchiamento ed è probabile che negli anni a venire nuove scoperte e nuove informazioni a riguardo di *SIRT1 & company* saranno rivelate.

Quello che voglio far comprendere ora è che la situazione è elaborata e più complessa di quella che abbiamo visto. Tuttavia, il messaggio finale rimane. SIRT1 è un regolatore fondamentale del nostro metabolismo e può veramente aiutarci nel mantenerci in forma e nel supportare la nostra salute.

Il bello di SIRT1 e delle altre sirtuine è che sono mediatori epigenetici. Ciò significa che SIRT1 è un "sensore" di ciò che succede nell'ambiente e, nel suo caso specifico "percepisce" la disponibilità calorica (ovvero di cibo), agendo da collegamento tra la restrizione calorica e gli effetti stessi della restrizione calorica nel nostro organismo.

Per fare un'ulteriore metafora diversa da quella dell'analista di mercato nell'azienda di automobili, SIRT1 è come un soldatino pronto a ricevere ordini dal suo capitano (l'ambiente, sotto forma di disponibilità calorica) e, una volta ricevuti, corre ligio al suo dovere al centro di comando (il nucleo della cellula) e comunica al suo generale (il DNA) le informazioni ricevute.

In condizioni di scarsità di cibo (restrizione calorica), quindi, il soldato-SIRT1 porta l'informazione al DNA:

"Signor comandante! Le scorte caloriche scarseggiano".

Il generale-DNA in tutta risposta cambia l'*espressione genica*, termine tecnico per indicare, in poche parole, che cambia il modo di utilizzare i geni. Ricordate i manuali di istruzione? Alcuni ritornano nello scaffale e non vengono più letti, altri vengono letti meno, altri di più, altri ancora vengono ripescati da scaffali impolverati, una bella pulita dalle ragnatele e si comincia a leggerli e ad utilizzarli. Il tutto per rispondere adeguatamente alla restrizione calorica, esercitando tutta una serie di effetti-risposta, alcuni dei quali abbiamo visto prima e che riassumiamo ora.

Abbiamo visto che SIRT1 inibisce l'accumulo di grasso nell'organo adiposo e stimola quest'ultimo a mandare acidi grassi liberi ad altri organi affinché vengano utilizzati (bruciati) a scopi energetici.

Abbiamo visto che SIRT1 velocizza l'ossidazione stessa degli acidi grassi nel muscolo scheletrico, nel fegato, nel cuore e pure nell'organo adiposo stesso, dove induce la trasformazione del tessuto adiposo bianco (WAT) nel metabolicamente attivo tessuto adiposo bruno (BAT)

SIRT1 aumenta il metabolismo basale (cioè l'energia consumata a riposo durante la giornata) sia aumentando il numero di mitocondri nel muscolo sia agendo direttamente nel cervello.

Inoltre, gli effetti di SIRT1 esercitano un'azione protettiva nei confronti di alcune malattie correlate all'invecchiamento, quali diabete, obesità e patologie cardiovascolari, e abbassa anche il colesterolo "cattivo" LDL. Infatti un gran numero di studi ha riportato che i topi con alti livelli di SIRT1 hanno un rischio minore di incorrere in diabete, malattie neurodegenerative, steatosi epatica, perdita di massa ossea e infiammazione cronica proprio come succede ai topi sottoposti a restrizione calorica (*Chang & Guarente, Trends Endocrinol Metab, 2014*)!

Fantastico!

La prossima domanda allora è la seguente:

Come fare ad attivare efficacemente SIRT1 in tutti questi distretti del nostro organismo?

Abbiamo visto che parte della risposta è proprio la restrizione calorica, la quale è proprio il messaggio che fisiologicamente stimola SIRT1 a migrare verso il nucleo delle cellule e a far partire i suoi effetti.

Tuttavia, come abbiamo visto, la restrizione calorica non è l'idea migliore per tutti e ha alcune problematiche di applicazione, non può essere seguita per tempi troppo lunghi o con troppa intensità e dovrebbe essere consigliata e controllata sotto consiglio medico o, comunque, da un tecnico del settore della nutrizione (ad esempio il biologo nutrizionista). Infine, la restrizione calorica richiede grandi sacrifici e restrizioni ed è molto difficile da seguire, specialmente da un punto di vista psicologico.

Un altro modo per attivare SIRT1 è l'attività fisica. È risaputo che durante lo sforzo SIRT1 si attiva (vedremo meglio più avanti i meccanismi per cui SIRT1 è attivata dall'esercizio fisico) ed è stato osservato che SIRT1 nelle persone con poca massa grassa ha una maggiore propensione ad attivarsi, mentre nelle persone in sovrappeso SIRT1 è meno efficiente nella sua attivazione.

Ciò è dovuto, almeno in parte, alla più alta produzione in soggetti magri e fisicamente attivi di adiponectina, la quale attiva SIRT1. Al contrario, una dieta ricca di grassi riduce la risposta di SIRT1 in topi e l'obesità riduce la risposta di SIRT1 nell'uomo (*Chang & Guarente, Trends Endocrinol Metab, 2014*).

Se, dopo queste considerazioni, vi state chiedendo se non ci sono proprio alternative a mangiare di meno e a fare attività fisica ogni giorno, aspettate un attivo e seguitemi nel ragionamento.

Una domanda fondamentale che dobbiamo porci è la seguente.

Gli effetti della restrizione calorica sono tutti mediati da SIRT1 oppure intervengono anche altre molecole che non conosciamo? Se ci fossero altri mediatori, dovremmo rassegnarci a mangiare meno, con buona pace dei buongustai. Se l'effettore principale fosse proprio SIRT1 e se trovassimo un modo alternativo per attivare SIRT1 allora avremmo trovato uno stratagemma per beneficiare di tutte le proprietà che abbiamo visto nelle pagine precedenti senza per forza sottoporci alla restrizione calorica! E questo sarebbe bellissimo!

Vediamo cosa dice la scienza.

Prima di tutto è stato osservato che i topi senza SIRT1 sono metabolicamente inefficienti e sono incapaci di adattarsi alla restrizione calorica.

In secondo luogo, in topi senza SIRT1 non viene osservato l'aumento di attività fisica e di consumo calorico indotto dalla restrizione calorica.

In terzo luogo, topi senza SIRT1 non vivono più a lungo se sottoposti a restrizione calorica!

Da questi dati, piuttosto netti e chiari, possiamo senza dubbio affermare che SIRT1 è il sensore cruciale della restrizione calorica e l'intermediario dei suoi effetti! Ora dobbiamo solo trovare un modo per attivare SIRT1 senza ridurre le porzioni dei nostri pasti!

L'industria farmaceutica sta cercando da anni una molecola che riconosca specificamente SIRT1 e la attivi farmacologicamente. Tuttavia al momento i risultati ottenuti sono ancora abbastanza inconcludenti e, in ogni caso, sappiamo che l'utilizzo di farmaci deve sempre essere limitato, in quanto mai completamente privi di effetti collaterali e perché sono delle sostanze artificiali non riconosciute dal nostro corpo e che quindi devono essere alla fine smaltite in qualche modo, in genere dal fegato.

Avremmo proprio bisogno di qualcosa di fornito dalla natura stessa, al quale il nostro corpo e il nostro DNA sono stati abituati nei secoli e nei millenni della storia umana, e in grado di attivare SIRT1.

Una sostanza con queste caratteristiche sembra quasi "magica" e impossibile da trovare!

Eppure, non solo vi dirò che esiste, ma che ce n'è ben più di una sola!

Il segreto dell'attivazione di SIRT1 in modo naturale e senza restrizione calorica arrivò inaspettatamente da studi... sul vino rosso!

Resveratrolo: una scoperta che cambiò tutto

Lascia che il cibo sia la tua medicina,

E lascia che la medicina sia il tuo cibo

(Ippocrate di Kos)

Questa è una delle frasi più famose di Ippocrate di Kos (460-370 a.C.), il medico dell'Antica Grecia considerato da molti il padre della medicina moderna.

In effetti questo aforisma non è solo la più famosa sentenza di Ippocrate, ma possiamo pensarla come tra le più famose massime della Medicina in generale, così come della Scienza della Nutrizione. Racchiude infatti il concetto stesso di nutrizione: sfruttare i nutrienti presenti nei cibi per sostenere la salute della persona. In altre parole, Ippocrate intendeva che il cibo contiene delle sostanze (di cui ora conosciamo il nome: nutrienti) che possono indurre cambiamenti positivi nel nostro corpo, producendo una condizione di migliorata salute e benessere nel soggetto che assume quel particolare cibo.

Senza conoscere assolutamente nulla dei concetti di genetica (tantomeno di epigenetica) o di biochimica, Ippocrate, quasi 2500 anni fa, posava le fondamenta del ruolo epigenetico del cibo nella nostra salute. A seconda di quali cibi (o quali nutrienti) noi forniamo alla macchina biochimica che è il nostro corpo, quest'ultimo (tramite l'attività del nostro DNA) evocherà delle azioni biologiche in risposta a questi.

Seguite una dieta ricca di zuccheri semplici e grassi saturi? La risposta epigenetica risulterà in un costante e intenso aumento della glicemia, seguito da una iper-reazione del pancreas e una iper-produzione di insulina, conducendo, nel tempo, a insensibilità insulinica, sindrome metabolica e diabete. Nel frattempo l'eccesso di grassi saturi ostruirà le arterie e i vasi sanguigni portando ad aterosclerosi, ipertensione e patologie cardiovascolari.

Attenzione: puntualizzo, al rischio di poter risultare banale, un elemento importante per evitare fraintendimenti. Ovviamente quanto detto non significa che mettere una bustina di zucchero nel caffè la mattina significhi automaticamente farsi venire il diabete tra 10 anni! Stiamo parlando di uno tra cento e più altri fattori interni ed esterni all'organismo, che solo una volta sommati e bilanciati tra loro possono o meno arrecare danno alla salute o migliorarla. Gli esempi che spesso vengono portati, come il classico *"mio nonno ha fumato come una ciminiera fino a 90 anni e non ha mai avuto il tumore ai polmoni!"* oppure *"sono sempre stata attenta all'alimentazione eppure negli ultimi esami del sangue ho la glicemia alta"* sono anti-scientifici e privi di senso. Sono esempi che non considerano la complessità di un organismo e di ciò che gli sta intorno, bensì si focalizzano ciecamente in un unico fattore, pensando erroneamente che questo sia il solo che partecipa o meno ad un risultato misurabile, ad esempio la glicemia. Sei sempre stato bravo con l'alimentazione, ma per caso hai subito stress di varia natura negli ultimi tempi? Hai una genetica favorevole o sfavorevole nella gestione del glucosio nel sangue? Pratichi sport? Quanto spesso? Assumi farmaci? Fumi? Bevi alcolici? Alimentazione "attenta" che significa? Forse mangi poco, ma mangi sbilanciato? Queste e innumerevoli altre variabili si combinano insieme e danno alla fine il risultato finale. Un po' come il gioco del tiro alla corda, ci sono giocatori che tirano da una parte e giocatori che tirano dall'altra parte, e il risultato finale sarà dato dalla combinazione delle forze in gioco. Tutto questo per dire che quando scrivo che assunzione di troppi zuccheri semplici nella dieta porta al diabete, o che SIRT1 una volta attivata fa bruciare più grassi, intendo che è una variabile che gioca a sfavore (o a favore), ma non è l'unica variabile!

Rimane il fatto che l'azione epigenetica del cibo è un dato reale e scientificamente provato.

Caro Ippocrate, ci avevi visto proprio giusto, *chapeau*!

Seguendo invece una dieta bilanciata e contenente tutti i nutrienti necessari per il funzionamento del nostro corpo la glicemia sarà maggiormente sotto controllo e i vasi sanguigni ringrazieranno, liberi da placche aterosclerotiche che li ostruiscono.

Grazie epigenetica!

Come potete vedere, una buona fetta della nostra salute è nelle nostre mani, quando scegliamo un prodotto od un altro al mercato, quando cuciniamo o quando ordiniamo un piatto al ristorante.

Un gruppo di ricercatori della *Harvard Medical School* di Boston probabilmente aveva bene in mente la famosa frase di Ippocrate, quando si misero alla ricerca di molecole naturali in grado di riconoscere e attivare selettivamente SIRT1 in maniera simil-farmacologica e prive degli effetti collaterali tipici dei farmaci di sintesi.

Lo stupore degli scienziati fu enorme quando il risultato delle loro analisi indicò non solo che avevano identificato una molecola naturale, presente nei cibi di cui ci nutriamo e con capacità di attivare le sirtuine, ma ne avevano identificate ben 6! Negli studi preliminari le 6 molecole erano in grado di attivare Sir2, l'analogo di SIRT1, nelle cellule del lievito

Saccharomyces cerevisiae e, così facendo, di incrementare la sopravvivenza e la durata della vita delle cellule del lievito.

Queste scoperte rivoluzionarono la conoscenza dei processi anti-ageing e la portata della ricerca fu tale che fu pubblicata in *Nature*, la più importante e prestigiosa rivista scientifica internazionale, nel 2003 (*Howitz et al., Nature, 2003*).

Nello studio, il più potente attivatore di Sir2 / SIRT1 era stato identificato nel resveratrolo, una molecola naturalmente presente nel vino rosso e nell'uva nera associata ad un gran numero di effetti positivi per la salute. Tra questi, la attenuazione di alcune malattie correlate all'invecchiamento, tra cui la neurodegenerazione e malattie cardiovascolari quali, ad esempio, l'aterosclerosi.

Probabilmente qualcuno ha già sentito parlare di questo resveratrolo. Quest'ultimo infatti è riuscito a fare il salto da molecola conosciuta solo dai biochimici e dai ricercatori in temi di nutrizione a molecola apparsa in tutti i giornali e nella bocca di tutti, tecnici del settore e non.

Il resveratrolo è infatti passato alla cronaca come la molecola responsabile del famosissimo "Paradosso Francese".

Questo termine, introdotto prima dall'Organizzazione Internazionale della Vigna e del Vino nel 1986 e poi, cinque anni più tardi, anche in ambiente scientifico da parte del ricercatore Serge Renaud (Università di Bordeaux), intende il fenomeno per il quale in Francia l'incidenza di mortalità per malattie cardiovascolari è inferiore rispetto ad altri paesi, nonostante il consumo di grassi saturi (quei famosi grassi che si appiccicano alle arterie e sviluppano aterosclerosi, ricordate?) fosse maggiore in Francia.

Infatti, secondo un report della Food and Agriculture Organization (FAO) statunitense, nel 2002 una persona francese consumava mediamente 108 grammi al giorno di grassi da fonti animali (che sono prevalentemente saturi), mentre l'americano in media ne consumava "solo" 72 grammi. Sempre secondo il report i francesi consumano inoltre il quadruplo del burro rispetto agli americani.

Questo posso assicurarlo per via della mia esperienza diretta. Ricordo quando passai un periodo a Rennes, una città bretone del nord della Francia, a seguire un corso di microscopia. Il professore che teneva il corso era un omone di almeno centodieci chili di nome Marc, con la faccia un po' rubiconda da bevitore abituale di vino e con la voce tonante che tradiva in maniera evidente l'accento francese quando ci parlava in inglese.

Finite le giornate di corso teorico-pratico, ci portava con un pulmino a farci visitare Rennes e dintorni. In una di queste uscite, poco prima della fine del nostro soggiorno, ci fermammo in un negozietto tipico di cibo bretone per poter portare a casa qualche ricordo culinario della Bretagna. Uno dei dolci più tipici della zona era la *Gâteau Breton*, una torta che è in pratica un unico e grande "biscottone" di pasta frolla. Ricordo Marc, quando ce ne parlò ci disse nel suo accento francese "*This cake has three main ingredients: Butter, butter and butter!*" ("Questa torta ha tre ingredienti principali: burro, burro e burro!").

Comprai la torta e la portai a casa per farla assaggiare in Italia.

Marc non aveva affatto torto!

Il mega-biscottone era in realtà non friabile, ma tenero e umido, proprio per la presenza di quantità esorbitanti di burro, ungeva le mani ed emanava un forte aroma burroso. Non era male, ma mezza fetta ti era più che sufficiente e un morso in più sarebbe stato troppo pesante! Non ebbe molto successo tra le persone a cui lo feci assaggiare.

Ingredienti della *Gateau Breton* a parte, torniamo al confronto tra francesi e statunitensi. Nonostante la FAO abbia stimato un consumo nettamente maggiore di grassi saturi in Francia, d'altra parte nel 1999 la *British Heart Foundation* ha stimato un tasso di mortalità da coronaropatie di 115 ogni 100.000 adulti maschi tra i 35 e i 74 anni tra la popolazione degli Stati Uniti, mentre solo di 83 ogni 100.000 in Francia!

Per dare una spiegazione di questo paradosso francese fu preso in causa il consumo di vino rosso, ricco di resveratrolo, che nei francesi era molto più alto rispetto agli americani. Il resveratrolo contenuto nel vino rosso avrebbe tutta una serie di effetti protettivi per la salute di Marc e dei suoi compatrioti.

Dagli anni '90 del secolo scorso altri studi si sono avvicendati per cercare di capire quanto l'effetto del resveratrolo nel paradosso francese fosse importante. L'argomento è ancora dibattuto, e probabilmente il resveratrolo non è l'unico responsabile del paradosso. Infatti, in generale la dieta mediterranea che seguono i francesi (molto più frequente nel Sud della Francia, un po' meno Marc e suoi compagni bretoni), ma non gli americani, contribuisce, secondo la *American Heart Association*, alla riduzione del rischio di malattie coronariche (*Kris-Etherton et al., Circulation, 2001*).

D'altra parte, una più recente meta-analisi indica che effettivamente un consumo moderato di vino rosso (meno di 3 bicchieri al giorno) comporta una diminuzione del rischio di malattie cardiovascolari (*Costanzo et al., Eur J Epidemiol, 2011*).

Per chi non lo sapesse una meta-analisi è la tipologia di studio con maggiore autorità scientifica e statistica. È, appunto, una analisi statistica che combina il risultato di altri e diversi studi scientifici indipendenti che hanno affrontato la stessa ipotesi scientifica (o simile). Praticamente è come mettere insieme in un unico pentolone tutti gli studi pubblicati fino a quel momento e vedere qual è l'indicazione finale fornita dai dati a disposizione.

Ovviamente va sottolineato che il consumo dev'essere moderato, e se si comincia a bere una damigiana a settimana il beneficio è soverchiato dai danni dovuti all'alcool contenuto nel vino (torneremo tra poco a fare altri ragionamenti sull'alcool contenuto nel vino rosso).

È molto interessante, tra l'altro, considerare che, sempre secondo la meta-analisi, i bevitori moderati di vino soffrono meno di infarti sia dei bevitori incalliti sia degli astemi. Nei bevitori moderati evidentemente si trova il bilanciamento tra gli effetti positivi del resveratrolo (e altri fitonutrienti contenuti) e i potenziali effetti negativi dell'alcool.

Ma torniamo al nostro resveratrolo. Dovete sapere che il resveratrolo appartiene ad una famiglia di sostanze di origine vegetale ricche di proprietà e di aneddoti da raccontare. Andiamo a vederli.

Polifenoli: antiossidanti ed oltre!

Dal punto di vista chimico, il resveratrolo è un polifenolo.

Un polifenolo è una molecola complessa (come indica il suo stesso nome da "polis" che in Greco significa "molti") composta da unità multiple di fenolo e presente negli organismi di origine vegetale. Senza entrare troppo nel tecnico e senza perderci nei meandri della nomenclatura della chimica organica, un fenolo è una molecola fatta di carbonio, idrogeno e ossigeno disposti tra loro nello spazio in una forma rotonda e appiattita, quasi come il fenolo fosse una sorta di "pizza molecolare" a forma esagonale. Il resveratrolo contiene due fenoli al suo interno, uno all'estremità del resveratrolo e uno nell'altra (come mostrato nella figura qui a fianco).

Più di 8000 differenti molecole appartengono al numeroso gruppo dei polifenoli. Molti di questi sono pressoché sconosciuti all'organismo umano, in quanto contenuti in piante non commestibili per l'*Homo sapiens*. Molti altri polifenoli sono invece presenti in alcuni cibi che fanno parte della nostra alimentazione da secoli e millenni. In questa famiglia numerosissima di polifenoli esistono poi molte sottofamiglie con nomi particolari che forse avete già sentito nominare: flavonoidi, stilbeni, lignani, tannini. Tutti questi sono polifenoli. Ad esempio il resveratrolo appartiene alla sottofamiglia degli stilbeni.

Gli studi scientifici, in particolare negli ultimi venti anni, hanno assodato e riconosciuto che questi polifenoli hanno un effetto molto positivo sulla salute. Giusto per citarne qualcuno, nel 2013 fu pubblicato lo studio *"Invecchiare inCHIANTI"*, eseguito nella nostra cara penisola a forma di stivale: i ricercatori seguirono per 12 anni 807 uomini con più di 65 anni della regione del Chianti, in Toscana.

IL GRUPPO DEI POLIFENOLI: *i polifenoli costituiscono una famiglia di più di 8000 molecole organiche diffusamente presenti nel regno vegetale. Sono caratterizzati, come indica il loro nome, dalla presenza di fenoli all'interno della loro molecola associati in strutture più o meno complesse.* ***In alto a sinistra:*** *un fenolo, la singola unità di cui i polifenoli sono costituiti;* ***in alto a destra:*** *il resveratrolo, un polifenolo abbondante nel vino rosso;* ***in basso a sinistra:*** *la quercetina, un polifenolo presente in molti cibi di origine vegetale, come ad esempio capperi, mele, sedano;* ***in basso a destra:*** *Epigallocatechina Gallato (EGCG), uno dei polifenoli più abbondanti nel tè, specialmente nel tè verde.*

I dati ottenuti nello studio inCHIANTI mostrarono che le persone con una maggiore assunzione di polifenoli nella loro dieta presentavano un 30% di riduzione di mortalità (*Zamora-Ros et al., J Nutr, 2013*). Un valore di riduzione della mortalità elevatissimo se pensiamo che questo fu ottenuto solamente con gli alimenti di cui si nutrivano le persone!

La stessa Organizzazione Mondiale della Sanità ha stilato, nel 2019, un documento ufficiale nel quale raccomanda con forza l'inclusione di abbondante frutta e verdura nella dieta di ognuno di noi, in modo da ottenere elementi fondamentali per la salute umana tra cui, appunto, i polifenoli. Secondo l'Organizzazione Mondiale della Sanità, frutta e verdura sono cibi strettamente necessari per una dieta sana. La riduzione del consumo di questi alimenti è collegata a cattive condizioni di salute e all'aumento del rischio delle cosiddette malattie croniche non trasmissibili (*Non-Communicable Diseases, NCDs*), quali malattie cardiovascolari, diabete e alcuni tipi di cancro. Nel 2017 è stato stimato che circa 3,9 milioni di decessi in tutto il mondo siano da attribuire a un consumo inadeguato di frutta e verdura (*WHO, 2019; Hartley et al., Cochrane Database Syst Rev, 2012*).

Ciò che né lo studio inCHIANTI né l'Organizzazione Mondiale della Sanità specificano è il meccanismo di azione attraverso il quale i polifenoli contenuti nella frutta e nella verdura esercitano la loro protezione e i loro effetti benefici.

In realtà quella del rapporto tra polifenoli e ricerca scientifica è una storia piuttosto interessante e, a suo modo, buffa, fatta di voltafaccia e cambi di opinioni.

Fino alla fine degli anni '80 del secolo scorso, infatti, la figura dei polifenoli era piuttosto controversa. Nell'ambiente scientifico si pensava che non fossero poi così utili per la salute, anzi, molti ricercatori sostenevano che fossero degli anti-nutrienti da evitare, in quanto riducevano l'assorbimento delle proteine alimentari (*Bressani et al., Plant Foods Hum Nutr. 1988*). Per i ricercatori degli anni '80 i polifenoli erano quindi potenzialmente negativi per la salute: pazzesco!

Questa errata convinzione fortunatamente cominciò a scricchiolare verso la fine del secolo scorso quando si osservò che i polifenoli hanno un forte potere antiossidante.

Come abbiamo già visto nelle nostre cellule si generano naturalmente tutta una serie di sostanze molto esagitate, molto pazzerelle e molto fastidiose se non contenute e gestite. Sono i radicali liberi, molecole molto reattive, in grado di reagire e combinarsi con le varie strutture della cellula (proteine, membrane varie, il DNA stesso) danneggiandole.

Questa faccenda deve essere gestita e arginata dal nostro organismo, altrimenti a forza di fare disastri a destra e a manca, questi radicali liberi alla lunga causano disfunzioni cellulari e patologie vere e proprie. Le nostre cellule dispongono di due tipologie di difensori dai radicali liberi. Abbiamo infatti degli *antiossidanti endogeni*, cioè quelli che il nostro organismo è in grado di sintetizzare autonomamente, e poi ci sono gli *antiossidanti esogeni*, quelli che invece assumiamo direttamente dalla dieta. Tra questi ci sono ad esempio la vitamina E, la famosa vitamina C e, appunto, i polifenoli.

Come funzionano questi fantomatici antiossidanti, tanto citati anche nelle pubblicità di prodotti *anti-ageing*?

Per rispondere a questa domanda dobbiamo immaginarci una sorta di "effetto-scudo": gli antiossidanti subiscono le angherie dei prepotenti radicali liberi e, così facendo, si "sacrificano" al posto delle strutture cellulari, proteggendole. Proprio come uno scudo che subisce il colpo dell'arma nemica proteggendo il corpo del cavaliere.

Dal momento in cui ai polifenoli furono attribuite queste proprietà antiossidanti ci fu una vera e propria esplosione di ricerche, di studi e di laboratori sparsi in tutto il mondo, interessati a quella che fu una vera e propria nuova "moda scientifica" e, dagli anni 2000, i polifenoli cominciarono ad essere studiati intensamente. Il numero di pubblicazioni cominciò ad aumentare in maniera esponenziale anno dopo anno, andando ad esplorare le proprietà antiossidanti di questo o quell'altro polifenolo. Per molti anni, quindi, si ritenne che l'azione benefica dei polifenoli fosse esclusivamente dovuta al loro effetto antiossidante (effettivamente presente nei polifenoli) e di difesa dai radicali liberi e dal cosiddetto stress ossidativo prodotto da quest'ultimi.

Ovviamente, la biologia è ben più complessa di ciò che noi esseri umani ci aspettiamo. Man mano che fioccavano le ricerche e gli studi, risultava sempre più chiaro che l'effetto antiossidante da solo non era sufficiente a spiegare tutti i benefici dei polifenoli. L'effetto scudo di protezione dai radicali liberi dei polifenoli è infatti un effetto passivo.

Dati alla mano, emergevano invece degli effetti attivi da parte di queste molecole. Diventò chiaro che i meccanismi di azione dei polifenoli vanno ben oltre il "semplice" effetto antiossidante in grado di modulare lo stress ossidativo (*Scalbert et al., Am J Clin Nutr, 2005*).

Con il passare degli anni e degli studi fatti, possiamo dire che la comune affermazione "i polifenoli sono antiossidanti" è assolutamente riduttiva!

Ad esempio si è osservato che esiste una correlazione tra l'apporto di polifenoli tramite l'alimentazione e la salute del nostro microbiota intestinale, cioè l'insieme dei microorganismi che colonizzano il nostro intestino che traggono vantaggio e protezione presso quest'ultimo e, in cambio, esercitano tutta una serie di effetti benefici all'intero nostro corpo. Sebbene i ruoli all'interno del nostro organismo e i numerosi benefici del microbiota intestinale esulino dagli scopi di questo libro, è importante comunque sottolineare l'importanza che stanno assumendo i polifenoli anche in quest'ambito. Pare infatti che ci sia un rapporto sinergico bidirezionale tra i nostri buoni microorganismi intestinali e i polifenoli. Infatti, questi ultimi agiscono come dei prebiotici, cioè stimolano la crescita e il benessere del nostro microbiota intestinale. Contemporaneamente, il microbiota intestinale è in grado di processare alcuni di questi polifenoli e migliorarne l'assorbimento (la biodisponibilità) da parte del nostro intestino (*Fraga et al., Food Funct, 2019*). Una sorta di circolo virtuoso. È molto importante sottolineare l'importanza di un sano microbiota intestinale per il raggiungimento di una buona salute in generale, per questo motivo ho ritenuto opportuno inserire un capitolo a parte (*Fibre: benefici extra dei cibi Sirt*) che potete trovare alla fine del libro e dedicato a questo argomento, proprio perché i cibi Sirt, che vedremo più nel dettaglio tra poco, non hanno solo il compito di attivare le sirtuine, ma hanno anche un'importante azione benefica nei confronti del microbiota intestinale tramite i polifenoli e le fibre in essi contenuti.

I polifenoli hanno inoltre la capacità di regolare in maniera attiva l'infiammazione, riducendola qualora ci fosse un eccesso di quest'ultima (*Yahfoufi et al., Nutrients, 2018*). Quest'effetto anti-infiammatorio è molto importante ed è sicuramente una delle con-cause della riduzione di mortalità associata all'introito di queste molecole con il cibo. Infatti uno stato di infiammazione cronica è il terreno fertile per malattie come infarto, ictus e diabete, causa di tantissimi decessi ogni anno. L'effetto antinfiammatorio dei polifenoli è stato analizzato nel dettaglio e molti dei suoi maccanismi molecolari sono stati svelati: si è visto infatti che i polifenoli sono in grado di inattivare NF-κβ.

E che diavoleria è NF-κβ direte voi? Giusta osservazione.

NF-κβ altro non è che un controllore epigenetico, riceve input dall'ambiente e sulla base di questi input esso è in grado di modificare il modo in cui il nostro DNA lavora. Storia già sentita vero?

NF-κβ stimola i processi infiammatori, e una over-stimolazione di NF-κβ porta a infiammazione cronica e a tutta un'altra serie di problematiche che abbiamo appena visto. In questo contesto ecco che i polifenoli tengono a bada NF-κβ e i suoi effetti sul DNA. In altre parole, i polifenoli contenuti nel cibo di cui ci nutriamo modificano il modo di esprimersi del nostro DNA.

I polifenoli sono dei veri e propri modulatori epigenetici.

Abbiamo già visto più nel dettaglio questi modulatori epigenetici, quando abbiamo parlato di SIRT1. Abbiamo visto che lo studio del 2003 di Howitz e colleghi che rappresentò il punto di partenza per lo sviluppo della dieta Sirt identificò sei molecole in grado di attivare SIRT1. Queste molecole identificate erano appunto tutte e sei polifenoli e, tramite l'attivazione di SIRT1, sono in grado di modulare come il nostro DNA lavora.

Questa ed altre osservazioni della comunità scientifica portarono infine a ribaltare completamente la visione dei polifenoli come passivi antiossidanti. Oggi possiamo veramente considerarli come degli attivi modulatori epigenetici (*Arora et al., Genes, 2020*).

Oltre a quelli già citati, i polifenoli hanno anche altri potenziali effetti biologici benefici (*Zamora-Ros et al., J Nutr, 2013*):

- anticancerogena,
- antidolorifica,

- antidiabetica,
- antiobesità,
- antiallergica
- epatoprotettiva,
- gastroprotettiva.

Mica male!

In definitiva, non ci è dato sapere con certezza se l'effetto protettivo nello studio *inCHIANTI* fosse dovuto ad un semplice effetto antiossidante (scudo passivo) dei polifenoli o se a qualche altra attività biologica attiva (ad esempio l'attivazione di SIRT1 o l'inibizione di NF-κβ). Credo che una combinazione e una sinergia tra queste azioni sia la spiegazione più probabile.

Ad oggi, dopo quasi vent'anni dalla pubblicazione rivoluzionaria di Howitz e colleghi nel 2003, la scienza ha definitivamente dimostrato che l'effetto antiossidante da solo non riesce a spiegare tutti gli effetti positivi dei polifenoli, un ruolo di primo piano dell'azione del resveratrolo e di molti dei suoi "compari" polifenoli è proprio dovuto alla loro azione di modulazione epigenetica in grado di attivare SIRT1 e le altre sirtuine.

Gli altri cinque polifenoli attivatori di SIRT1 identificati nello studio del 2003 sono: il piceatannolo (un polifenolo molto simile strutturalmente al resveratrolo, anch'esso abbondante nel vino rosso e nell'uva nera), l'isoliquiritigenina (presente nella liquirizia e nella soia), la fisetina (contenuta nelle fragole, nelle mele, nella cipolla, nei cetrioli e in altre verdure), la quercetina (particolarmente abbondante nei capperi, ma anche in cipolle, tè, vino, mele, frutti rossi, grano saraceno, cavolo riccio, sedano ed altri) e la buteina.

Nel loro insieme, i polifenoli in grado di attivare SIRT1 furono chiamati "mimetici di restrizione calorica" (*Howitz et al., Nature, 2003*), ad indicare la stretta correlazione tra i tre elementi della triade Polifenoli – Sirtuine – Restrizione calorica.

Ciò nonostante, il resveratrolo ha indubbiamente una posizione di primo piano, in quanto uno dei più potenti attivatori di SIRT1.

LO SAPEVI CHE l'imbrunimento delle mele e di molti altri cibi vegetali è dovuto all'ossidazione dei polifenoli?

I polifenoli, quando esposti all'ossigeno dell'aria, reagiscono con quest'ultimo e si ossidano formando molecole di colore scuro. Ecco spiegato il motivo per cui, quando tagliamo a metà una mela e la lasciamo esposta all'aria, nel giro di poco tempo la polpa della mela si inscurisce.

Le molecole di colore scuro che si sono formate dalla combinazione di polifenoli e ossigeno dell'aria si chiamano melanine e, tra l'altro, sono le stesse molecole responsabili dell'abbronzatura quando prendiamo il sole, anche se, in questo caso, non vengono prodotte a partire dai polifenoli.

Uno specifico enzima presente nelle piante, chiamato "polifenolo ossidasi", velocizza l'ossidazione dei polifenoli. Ecco perché quando ci cade una mela per terra, la parte ammaccata diventa marrone: in quella parte di polpa danneggiata si è liberata la polifenolo ossidasi, altrimenti racchiusa dentro dei vacuoli, ed è libera di scatenarsi!

L'azione della polifenolo ossidasi è velocizzata dal calore e, ovviamente, dalla presenza di ossigeno. Per limitarne gli effetti possiamo riporre la mela tagliata a metà al fresco in un contenitore chiuso.

Di fondamentale importanza, l'effetto mimetico di restrizione calorica indotto dai polifenoli e osservato nel lievito fu replicato anche negli esseri umani. In uno studio del 2011, persone obese ricevettero una integrazione di resveratrolo nella loro dieta per 30 giorni. Nelle cellule muscolari di queste persone SIRT1 era fortemente attivata e questo indusse cambiamenti metabolici tipici della restrizione calorica: un'aumentata ossidazione dei grassi e loro consumo a scopi energetici, un ridotto contenuto di grassi nel fegato, un migliore controllo della glicemia e un abbassamento della pressione sanguigna sistolica (*Timmers et al., Cell Metab, 2011*).

Questo studio gettò le basi per il ruolo SIRT1-attivante del resveratrolo anche nell'uomo! Questo affascinante polifenolo è, come già detto, molto abbondante nella buccia e nei semi dell'uva nera (*Vitis vinifera*) e nel vino rosso, la millenaria bevanda alcolica ottenuta dalla fermentazione dell'uva nera.

In virtù degli studi fatti, possiamo affermare che abbiamo trovato un metodo per attivare SIRT1 senza necessariamente metterci in restrizione calorica o correre a perdifiato sul *tapis roulant*! L'uva nera e il vino rosso sono quindi il nostro primo "cibo Sirt"!

Per aiutarci nel collegare i vari punti fin qui descritti, possiamo dire che un cibo Sirt è un alimento che, grazie al suo contenuto di determinati polifenoli, è in grado di attivare SIRT1 e di indurre gli effetti benefici di SIRT1 (e della restrizione calorica) che abbiamo visto nei precedenti capitoli.

Andiamo ora a vedere, uno per uno, il variegato gruppo dei cibi Sirt, scoprendo i loro segreti e le loro meraviglie.

CIBO SIRT	POLIFENOLI CONTENUTI IN GRADO DI ATTIVARE LE SIRTUINE
Vino Rosso e Uva Nera	Resveratrolo, Piceatannolo
Peperoni e Peperoncini	Luteolina, Miricetina
Grano Saraceno	Rutina
Capperi	Kaempferolo, Quercetina, Rutina
Sedano	Apigenina, Luteolina, Kaempferolo
Cacao e Cioccolato Fondente	Epicatechina
Caffè	Acido Caffeico, Acido Clorogenico
Olio EVO	Oleuropeina, Idrossitirosolo
Tè Matcha	Epigallocatechina gallate (EGCG)
Cavolo Riccio	Kaempferolo, Quercetina
Levistico	Quercetina
Datteri Medjoul	Acido Gallico, Acido Caffeico
Prezzemolo	Apigenina, Miricetina
Cicoria Rossa	Luteolina
Cipolla Rossa	Quercetina
Rucola	Kaempferolo, Quercetina
Soia e Derivati	Daidzeina, Formononetina
Fragola	Fisetina, Quercetina, Kaempferolo
Mela	Epicatechina, Acido Clorogenico, Quercetina
Curcuma	Curcumina
Noci	Acido Gallico

(*Adattato da Goggins & Matten, The Sirt Food Diet, Yellow Kite, 2016*)

Cibi Sirt

Vino Rosso: il primo cibo Sirt

Vitis vinifera

A dire la verità che il vino rosso fosse un cibo (in realtà una bevanda) particolarmente speciale non era una novità e ha sempre avuto una grande importanza ben prima dello studio di Howitz e colleghi del 2003!

La storia del vino risale addirittura ad epoca preistorica. È così antica che è confusa con la storia dell'umanità stessa. La più lontana evidenza di produzione seriale di vino fu trovata in Armenia, con la scoperta della più antica cantina mai scoperta (datata al circa 4100 AC, più di 6000 anni fa!). Gli archeologi attribuiscono a questa vetusta cantina il ruolo di produrre una sorta di vino preistorico probabilmente utilizzato in cerimonie in onore dei morti.

Lo stato di temporanea alterazione dell'umore e dei sensi attribuibile all'introito di vino (altrimenti detto ubriachezza) era considerato di grande importanza religiosa nelle culture antiche. Ad esempio, nella cultura classica, nell'Antica Grecia al vino era dedicato un "intero" Dio, Dioniso. I Romani conservarono questa divinità, rinominandola Bacco e conferendole, anche nella loro cultura, grandissima importanza.

Ancora oggi il vino è considerato simbolo di convivialità per eccellenza e il suo consumo è associato all'amicizia.

La sua etimologia non è ancora stata chiarita del tutto ma probabilmente deriva dalla parola latina "*vis*" (forza) per la sua capacità di aumentare la forza del corpo e dello spirito. Il vino è stato infatti usato nel corso dei secoli in ambito militare per aumentare l'euforia combattiva ed abbassare la paura delle truppe. Non a caso, nel famoso film capolavoro di Sergio Leone del 1966 "*Il Buono, il Brutto e il Cattivo*" il capitano nordista alcolizzato dice ai protagonisti: "*Il vino è l'arma più potente della guerra. Chi possiede più bottiglie per ubriacare i soldati e mandarli al macello, quello vince*".

Ironicamente, il vino ha avuto un ruolo anche nella cura delle persone e non solo nel "mandarle al macello" in battaglia.

Lo stesso Ippocrate prescriveva il vino per trattare le ferite, come antifebbrile, purgativo e come bevanda diuretica. Il vino continuò ad avere grande utilizzo medico anche nell'Impero Romano e nel Medioevo. Fu tuttavia Arnaldo da Villanova che nel suo "*Liber de Vinis*" ("Libro sul vino", XIII sec. DC) che stabilì e trattò sistematicamente gli usi terapeutici del vino. Nella lunga lista di azioni terapeutiche, il libro sottolineava le qualità antisettiche (cioè in grado di prevenire o contrastare le infezioni). C'erano anche altri due importanti aspetti, più pratici, ma ugualmente cruciali nella medicina dell'epoca. Innanzitutto, per tutto il periodo medioevale, il vino era uno dei pochi liquidi in grado, grazie al contenuto alcolico, di dissolvere e nascondere il sapore (spesso disgustoso) delle sostanze medicinali. Inoltre, e non da poco, il vino è stato a lungo utilizzato come anestetico durante interventi chirurgici per gran parte della storia dell'umanità. Solo a partire della metà del diciannovesimo secolo dC si cominciò ad utilizzare l'etere come anestetico.

Importanti, variegati e molteplici sono stati quindi i ruoli del vino nel corso della storia.

Ma cos'è il vino dal punto di vista chimico e nutrizionale?

Come la maggior parte delle bevande, il vino è per lo più composto da acqua (più dell'80% del peso). La fermentazione degli acini d'uva produce sia etanolo (l'alcool che contribuisce al grado alcolico del vino) che altri metaboliti secondari, ad esempio il glicerolo.

Il glicerolo è una molecola particolarmente viscosa che, grazie a questa sua proprietà, potete osservare direttamente nel calice di vino (più il vino rosso che quello bianco) quando lo ondeggiate. Nella parte superiore del vetro, dove è passato il liquido, rimane un alone viscoso che scende lentamente dalla parete del calice: quello è, appunto, il glicerolo.

Il vino contiene anche degli acidi (ad esempio acido tartarico e acido malico) e un piccolo contenuto zuccherino (la maggior parte è stata consumata durante la fermentazione alcolica). Questi elementi, insieme ad altri composti aromatici, contribuiscono al gusto del vino.

La concentrazione e la composizione dei polifenoli stessi hanno un ruolo nella palatabilità e nella sensazione in bocca del vino. Ad esempio, i tannini, una sottofamiglia dei polifenoli, sono i responsabili della sensazione di astringenza caratteristica di molti vini rossi (nei vini bianchi invece i tannini sono quasi assenti). I tannini, a contatto con il cavo orale, tendono infatti a legarsi con le proteine della saliva, provocandoci in bocca un effetto allappante, simile a quella provata mangiando un frutto acerbo. Degno di nota, i polifenoli presenti nel vino hanno una migliore biodisponibilità (cioè sono assorbiti meglio dal nostro corpo) rispetto all'uva. Infatti, la macerazione degli acini (con buccia e semi inclusi) e la fermentazione alcolica permettono una maggiore estrazione e un'aumentata biodisponibilità dei polifenoli nel vino (*Garrido-Banuelos et al., Food Chem, 2019*). In base ai dati scientifici a disposizione, gli effetti terapeutici del vino rosso (ovviamente se assunti in quantità moderata) sono dovuti ai polifenoli. Tuttavia, molti di voi penseranno che il vino rosso contenga alcool, che è tossico per le nostre cellule, specialmente per il fegato. Ed in effetti questa affermazione, specialmente se la dose di alcool è assunta in eccesso, è vera. Tuttavia è solo una tessera del puzzle. In ogni caso, c'è un trucchetto che possiamo sfruttare per portarci a casa tutte le proprietà benefiche dei polifenoli e lasciare fuori dal nostro corpo l'alcool. Cucinando i nostri piatti utilizzando il vino rosso e sottoponendo quest'ultimo al calore (ad esempio nella cottura del brasato di carne), l'alcool evapora completamente, mentre il resveratrolo e gli altri polifenoli rimangono intatti. Ottimo trucco! Il nostro piatto ne beneficerà anche in profumo e in gusto! Vedremo poi alcune ricette che includono il vino rosso in cottura così da poter attivare subito la *Rivoluzione Sirt* nella nostra quotidianità.

Ogni tanto possiamo concederci un calice di vino rosso, un'esplosione di gusti e sensazioni in bocca e di piacere per le nostre papille gustative. Ora possiamo farlo con un po' meno senso di colpa, sapendo che quel calice contribuisce all'attivazione di SIRT1 nei vari organi del nostro organismo. Ovviamente la moderazione nell'assunzione di vino rosso sotto forma di bevanda, contenente etanolo, deve essere la regola. In caso invece il vino rosso fosse utilizzato come ingrediente aggiunto in cottura, è possibile aggiungerne quanto se ne vuole poichè l'etanolo evapora via. Oggi sappiamo che esistono anche altri cibi Sirt e non solo il vino rosso.

Possiamo quindi combinare i cibi Sirt in diversi modi per comporre le nostre "ricette Sirt"!

Peperoni e Peperoncini: Gemelli Diversi

Capsicum spp.

I peperoni e i peperoncini sono tra i più fantastici doni che Cristoforo Colombo ha portato all'Europa dal Nuovo Mondo. Così vicini dal punto di vista botanico (appartengono allo stesso genere: *Capsicum*), così diversi in forme, dimensioni e colori. La più evidente differenza tra peperoni e peperoncini è la piccantezza, assente nei primi e presente (a volte infernale!) nei secondi. Questa differenza è originata da una mutazione genetica avvenuta nei peperoni, che li ha resi incapaci di sintetizzare la capsaicina, la molecola responsabile della piccantezza, che è invece abbondante nei peperoncini. Il grado di piccantezza può essere misurato empiricamente attraverso il cosiddetto grado Scoville, storicamente valutato da degli assaggiatori e attualmente misurato con più accuratezza con degli appositi macchinari.

In effetti il peperoncino non appartiene ad una sola specie, ma è piuttosto un gruppo di diverse specie che condividono le stesse caratteristiche botaniche, tra cui la capacità di produrre la capsaicina: *Capsicum annuum*, *Capsicum frutescens*, *Capsicum chinense*, *Capsicum baccatum* e *Capsicum pubescens*. Il peperone è una varietà di *Capsicum annuum*.

Secondo alcune fonti, il suo nome scientifico *Capsicum* deriva dal Latino "*capsa*", che significa "cassetta, contenitore", riferendosi alla forma del frutto che ricorda un contenitore che, una volta aperto, rivela il suo contenuto, i semi. Altri derivano il termine dal Greco "*Kapto*", che significa "mordere", con evidente riferimento al gusto piccante che "morde la lingua" una volta assaggiato.

Da testimonianze archeologiche, sappiamo che questo frutto era conosciuto e utilizzato nell'attuale Messico fin dal 5500 aC. Gli Aztechi utilizzavano i peperoncini nei loro riti religiosi e già conoscevano molte delle sue proprietà terapeutiche. Veniva utilizzato come digestivo e contro i dolori reumatici. Oggi sappiamo che il peperoncino è un ottimo aiuto anche per il controllo del peso corporeo in quanto riduce il senso di appetito. La capsaicina ha inoltre un'azione termogenica, cioè in grado di stimolare il metabolismo basale, facendo consumare più energia al corpo durante la giornata.

Il peperoncino è inoltre un ottimo amico dei vasi sanguigni in quanto promuove la microcircolazione.

Anche i peperoni sono importanti guardiani della nostra salute: l'abbondanza di vitamina C li rende degli alimenti con forte azione antiossidante. La presenza del beta-carotene (pro-vitamina A) è anch'essa rilevante, specialmente nei peperoni rossi. Contiene anche varie vitamine del gruppo B e sali minerali, principalmente potassio ma anche ferro, magnesio e calcio.

Nonostante differenze di vario tipo tra i due "gemelli diversi" peperone e peperoncino, entrambi contengono un buon contenuto di polifenoli attivatori di SIRT1, in particolare miricetina e luteolina.

> **LO SAPEVI CHE il colore dei peperoncini non è connesso alla sua piccantezza?**
>
> Ci sono alcune varietà a maturazione raggiunta completamente verdi che sono molto più piccanti di altre varietà di un rosso acceso. Nel 2013 il Guinnes World Record ha stabilito che il peperoncino più piccante del mondo è il Carolina Reaper.
>
> Il Carolina Reaper è stato ottenuto negli Stati Uniti, nella Carolina Del Sud, a partire da un incrocio tra un Habanero Rosso e un Naga Morich.

> **LO SAPEVI CHE la capsaicina, la sostanza piccante dei peperoncini, è irritante per le mucose?**
>
> Se preparate delle ricette con peperoncini tra gli ingredienti evitate di toccarvi gli occhi o altri tipi di mucose e nemmeno ferite aperte. Cercate di lavarvi le mani non appena possibile per evitare spiacevoli situazioni. Acqua e sapone non rimuovono completamente la capsaicina depositata sulla pelle, tuttavia lo sfregamento meccanico contribuisce a strofinarla via dalle dita.

Grano Saraceno: oltre al nome c'è di più

Fagopyrum esculentum

Rustico, resistente alle rigide temperature e ai parassiti, il grano saraceno ha origini antichissime. La sua coltivazione comincia nelle aree della Siberia, della Manciuria e della Cina. Con il passare dei secoli, la coltivazione di grano saraceno cominciò ad estendersi a macchia d'olio in tutte le regioni circostanti, passando in Giappone, in India e nella penisola Anatolica. In Italia arriva per la prima volta nel XVI secolo d.C. in Valtellina, con il nome di formentone, grazie al commercio con i mercanti provenienti dal Mar Nero. Ancora oggi nella Valtellina il grano saraceno è un alimento molto diffuso e impiegato nella preparazione di tipici e deliziosi piatti valtellinesi, come i famosi pizzoccheri o la polenta taragna valtellinese, ottenuta da una miscela di farine di mais e grano saraceno.

Diverse sono le ipotesi riguardo alla etimologia del termine in italiano. Secondo una di queste il grano saraceno avrebbe acquisito questo nome perché prima diffuso in Italia dai commercianti Arabi a partire dall'Alto Medioevo (comunemente soprannominati Saraceni in quell'epoca), mentre secondo altre fonti il termine si sarebbe ispirato al colore dei chicchi, scuri come la pelle dei Saraceni.

Il suo nome è tuttavia ingannevole. Nonostante sia comunemente chiamato "grano", non ha nulla a che vedere con il frumento, e non è nemmeno un cereale, in quanto non appartenente alla famiglia delle *Graminacee*. Possiamo considerarlo, per i suoi usi culinari simili a quelli dei cereali, uno pseudo-cereale (come, ad esempio, la quinoa o l'amaranto).

Come gli altri pseudo-cereali, il grano saraceno è naturalmente privo di glutine e può perciò essere incluso nella dieta gluten-free delle persone affette di celiachia o che manifestano un'intolleranza al glutine.

Dal punto di vista nutrizionale, il grano saraceno ha eccellenti qualità, in quanto particolarmente ricco di minerali come zinco, selenio e ferro. Rappresenta inoltre una fonte eccellente di proteine vegetali (più del 12% in peso) con ottimo valore biologico. Diversamente dai cereali, infatti, ha un buon contenuto di lisina, un amminoacido essenziale in genere scarso nelle proteine dei cereali e che il grano saraceno può invece fornire in buone quantità al nostro corpo, scongiurando eventuali carenze di lisina.

Grazie anche all'ottimo contenuto di fibre è caratterizzato da un basso indice glicemico, rendendolo un cibo particolarmente adatto a chi soffre di diabete o per chi comunque vuole avere un migliore controllo della glicemia ed evitare picchi iperglicemici.

Infine, è stato riscontrato anche un alto contenuto di polifenoli. La rutina, un polifenolo conosciuto per essere un attivatore di SIRT1, è particolarmente abbondante: fino a 20 mg di rutina per 100 g di grano saraceno (*Kreft et al., J Exp Bot, 2002*).

NB: Prima di consumarlo è consigliabile mettere in ammollo o lavare il grano saraceno per eliminare l'acido fitico che riduce l'assorbimento dei minerali.

Capperi: un carico di quercitina

Capparis spinosa

Ecco i nostri amati capperi incontrati all'inizio del libro! Chissà se ora quell'anziano signore si starà gustando il frutto della sua raccolta.

Una gioia per le papille gustative, i capperi sono i germogli dell'omonima pianta arbustiva rampicante (*Capparis spinosa*) diffusa in tutta l'area mediterranea da tempi immemorabili.

In Italia la coltivazione dei capperi è molto diffusa in Sicilia (particolarmente noti anche quelli di Pantelleria o quelli coltivati nelle isole Eolie) e il loro utilizzo nella cucina tradizionale siciliana ha fatto sì che fossero inclusi nella lista dei prodotti agroalimentari tipici italiani.

Le caratteristiche organolettiche sono racchiuse nei germogli del fiore non ancora sbocciato, che vengono raccolti tra la fine di maggio e l'inizio di settembre, periodo dell'anno in cui i germogli sono ancora chiusi.

I capperi appena raccolti sono molto amari e non sono buoni da mangiare. Perciò, ogni giorno, alla fine della raccolta, essi vengono posizionati su delle tinozze e ricoperti abbondantemente con sale marino grosso e lì lasciati per almeno dieci giorni. L'acqua emessa dai germogli forma con il sale una salamoia che nel tempo fa maturare i capperi.

L'alto valore nutrizionale di questi germogli verdi consiste nella loro ricchezza di quei polifenoli in grado di attivare l'azione di SIRT1 e altre sirtuine. Sono particolarmente abbondanti di rutina, kaempferolo e (prendete nota!) sono in assoluto il cibo con il più alto quantitativo di quercetina!

In poche parole, i capperi sono dei piccoli, verdi e deliziosi germogli carichi di polifenoli.

Sedano: un fresco e antico rimedio

Apium graveolens

Il sedano era una pianta sacra per gli Ellenici. Nell'Antica Grecia non era utilizzato in cucina come comune ingrediente, in tal caso sarebbe stato considerato un sacrilegio nei confronti di questa pianta, considerata sacra. Lo stesso Omero nell'Iliade ne attribuiva proprietà divine e curative, come evidenziato nel passo dove Achille cura il suo cavallo da una seria malattia grazie al sedano.

Il succo di sedano è stato un rimedio molto impiegato anche nell'antica farmacopea in virtù alle sue proprietà stimolanti, fortificanti, e antireumatiche. Ippocrate (sempre lui) affermò che *"per i nervi sconvolti, il sedano è il tuo cibo e rimedio"*.

Diversamente dai Greci, nell'Antica Roma il sedano era utilizzato abbondantemente in cucina e durante i banchetti si aveva l'usanza di preparare corone di sedano da far indossare ai commensali. Era infatti ritenuto che il suo fresco aroma fosse in grado di contrastare l'eccessiva ubriachezza.

Tanto variegate le "interpretazioni" del ruolo del sedano nei tempi antichi, quanto diversificati sono i possibili usi di questo eclettico alimento nella cucina dei nostri tempi. Si va dal sedano fresco nelle insalate di vario tipo, anche quelle a base di cibo di origine animale (cosa sarebbe l'insalata di polpo senza fettine di sedano fresco tagliate sottili?) o nel pinzimonio, fino ad essere utilizzato come ingrediente in zuppe e stufati, dove enfatizza i sapori della carne, del pesce o dei frutti di mare.

Secondo molti studi, il sedano è uno degli alimenti più ricchi di molti nutrienti, come la vitamina C, il beta-carotene e la manganese. Inoltre il sedano è ricco di polifenoli, come l'apigenina (della quale il sedano è uno degli alimenti più ricchi in assoluto), la luteolina e il kaempferolo, in grado di innescare l'attività epigenetica di SIRT1.

Tra le proprietà in grado di sostenere la salute oggi attribuite al sedano troviamo l'azione antinfiammatoria e l'azione protettiva nei confronti delle malattie cardiovascolari, in particolare l'aterosclerosi.

Cacao: il cibo degli Dei

Theobroma cacao

Credo che la storia del cioccolato sia una delle più affascinanti sulle origini di un alimento.

Il cioccolato è prodotto dai semi ad alto contenuto di grassi della pianta di cacao (*Theobroma cacao*) essiccati e fermentati. La pianta del cacao prende il suo nome dalla parola proto-amerinda pronunciata "*kakawa*". Si è riscontrato che i primi agricoltori che cominciarono a coltivare questa pianta appartenessero al misterioso popolo Maya, circa tremila anni fa. Ciò rende il cioccolato uno dei più antichi cibi della storia, oggi consumato in enormi quantità in tutto il mondo.

Il nome del genere botanico (*Theobroma*), coniato da Carl Nilsson Linnaeus nel XVIII secolo d.C., deriva dal Greco e significa "*Cibo degli Dei*" (unione tra "theo", "Dio", e "*broma*", "cibo"). Infatti, già i popoli antichi del Centro-America conoscevano le numerose proprietà curative del cacao. I suoi semi erano un simbolo di prosperità nelle celebrazioni religiose e un medicamento in grado di curare le malattie del corpo (eritema, diarrea, dolori allo stomaco) e della mente (azione tonica, stimolante e afrodisiaca).

Addirittura, i semi di cacao erano la base del sistema monetario, essendo essi stessi utilizzati come moneta di scambio nel commercio! Con un seme di cacao si potevano acquistare quattro pannocchie di granoturco, tre semi servivano per comprare una zucca o un uovo di tacchino e con cento semi si poteva ottenere una canoa o un mantello di cotone.

Oggi la coltivazione di questa pianta sempreverde, che può raggiungere anche i dieci metri, è particolarmente sviluppata nella fascia equatoriale, in zone climatiche con elevata umidità e piovosità e con temperature tra i 12 °C e i 30 °C. Le *cabosse*, il nome dato al frutto della pianta di cacao, contengono i semi la cui raccolta e lavoro sono centrale nelle economie dei paesi dell'Africa centroccidentale sulla costa atlantica come la Costa d'Avorio, la Nigeria e il Ghana (Paesi leader nella produzione mondiale), ma molto importante anche per l'Indonesia e per alcuni paesi del Sud America come il Brasile e l'Ecuador.

Tutti questi Paesi lavorano principalmente le fave di cacao della varietà *Forastero* perché presenta la maggior produttività, ma esistono anche altre due tipologie: *Criollo*, pregiato ma di scarsa diffusione, e il *Trinitario* che è un'ibridazione tra le prime due varietà.

Dal punto di vista chimico, la polvere di cacao è un cibo con il più grande contenuto di polifenoli (fino a 50 mg di polifenoli per grammo!) ed è una fonte eccellente di antiossidanti e minerali (in particolare magnesio, rame, potassio e calcio). Il sapore amaro ed astringente della polvere di cacao pura si deve alla presenza di diversi polifenoli, dove i principali sono l'epicatechina e la catechina. Questi polifenoli hanno spiccate attività antiossidanti e antiinfiammatorie e molti studi scientificamente molto solidi hanno associato un alto introito di catechine ad una ridotta incidenza di malattie cardiovascolari. Oltre ai polifenoli il cacao contiene anche molecole del gruppo delle metilxantine, principalmente la teobromina. Le metilxantine sono molto molecole molto interessanti per i loro effetti biologici in quanto hanno azione stimolante: infatti agiscono attivando il sistema nervoso centrale portandoci ad avere un maggiore senso di energia, anche grazie ad uno stimolo del metabolismo.

> **LO SAPEVI CHE la fonte alimentare più abbondante di teobromina è il cacao?**
>
> I ben conosciuti e sfruttati effetti stimolanti del cacao sono in buona parte dovuti alla presenza di teobromina, contenuta in circa il 2,5% del peso secco. La Teobromina non è degradata durante la produzione della polvere di cacao a partire dai semi e, di conseguenza, è presente anche nel cioccolato. Il cioccolato fondente ne contiene circa 600-800 mg per 100 g. Tuttavia, questi sono valori generici che possono variare, anche di molto, in relazione al tipo di semi, alla tecnica di coltivazione e al processo di fermentazione a cui i semi sono sottoposti prima di essere tostati.

In virtù di questi preziosi nutrienti la ricerca scientifica ha riscontrato molti effetti sulla salute associati al consumo di cacao, tra cui un'azione antinfiammatoria e la riduzione del rischio di diabete in quanto ottimizza la sensibilità all'insulina. Inoltre, alcuni studi suggeriscono che i polifenoli del cacao sono neuroprotettivi (cioè in grado di proteggere i nostri neuroni e mantenere integra la loro struttura) e proteggono la pelle dai danni ossidativi dalle radiazioni UV del sole (*Katz et al., Antioxid Redox Sign, 2011*).

Circa settanta studi di intervento condotti sull'uomo sono stati condotti sul cacao e su prodotti derivati. Questi studi hanno dimostrato che l'assunzione di cacao migliora i valori ematici di molti indicatori di salute, quali la pressione sanguigna, i livelli di colesterolo e la funzione endoteliale, rendendo il cacao una scelta salutare per il nostro cuore e il nostro sistema circolatorio (*Ellam & Williamson, Annu Rev Nutr, 2013*).

Perciò ecco una grande notizia! Possiamo continuare a mangiare il nostro amato cioccolato! Anzi, il cioccolato è un vero cibo Sirt ricco di polifenoli da sfruttare!

Attenzione però, tutte queste proprietà valgono per il cioccolato fondente contenente almeno l'85% di cacao. Più è alta la percentuale di cacao e più saranno i nutrienti e i polifenoli contenuti nel prodotto. Evitiamo il più possibile (meglio evitarlo proprio!) il cioccolato al latte, in cui il cacao è solo un lontano ricordo a discapito di un'elevatissima percentuale di zucchero e grassi saturi.

Caffè: il re delle bevande

Coffea spp.

Probabilmente è in assoluto una delle bevande più consumate e apprezzate in tutto il mondo, è diventato nella nostra penisola un rito da connotazioni quasi religiose. Il caffè è la bevanda ottenuta dalla macinazione dei semi di alcune specie di piccoli alberi tropicali appartenenti al genere *Coffea*.

La scoperta dei frutti freschi dell'albero di caffè probabilmente risale al IX secolo aC in Etiopia, dove i nomadi li masticavano crudi o preparati in un decotto energetico e stimolante.

Narra la leggenda che un pastore etiope di nome Kaldi notò degli effetti eccitanti sul suo gregge di capre che brucava tra le bacche rosse e brillanti di un arbusto verde, provò egli stesso a masticarne il frutto trovandone un forte effetto stimolante. Portò le bacche al santone islamico in un monastero ma il religioso ne condannò l'uso e scaraventò le bacche nel fuoco. I chicchi abbrustoliti sprigionarono un aroma piacevole e, una volta recuperati e dissolti in acqua calda produssero il primo caffè della storia.

La pianta del caffè è un piccolo arbusto sempreverde. I frutti maturi sono di un colore rosso granata, simile alle ciliegie, e contengono due fagiolini verdi, attaccati insieme.

Pochi conoscono tutte le varietà botaniche del caffè (il genere *Coffea* è rappresentato da circa una sessantina di specie), in genere sono conosciute solo le due più presenti nel mercato del caffè, la *Robusta* e la *Arabica*. In realtà sono quattro quelle con rilevanza per la commercializzazione:

- *Arabica*, proveniente dal Centro America, la più pregiata e aromatica;
- *Robusta*, di origine centroafricana e asiatica, più amara e meno costosa;
- *Liberica*, il cui nome ricorda la regione africana da cui ha origine.
- *Excelsa*, di origine ancora africana e dal sapore più morbido rispetto alla varietà etiope (la *Robusta*);

Oltre a questa classificazione, esistono inoltre diverse qualità di caffè che sono definite dalla percentuale di polvere delle varietà di cui sono composti e dal grado di tostatura dei semi che a sua volta può modulare il gusto naturale dei semi.

La marcia di conquista del caffè dall'Etiopia al mondo intero non fu senza ostacoli e ostruzionismi. Durante il XVI secolo dC, molti rappresentanti del clero chiesero formalmente al Papa Clemente VIII di proibirne il consumo tra i Cristiani a causa dell'origine mussulmana della bevanda. Nonostante le pressioni dei suoi consiglieri che volevano mettere al bando la "bevanda del Diavolo", Clemente VIII decise, dopo aver assaggiato la bevanda, di non proibirne l'uso affermando che *"è così squisita che sarebbe un peccato lasciare che fosse bevuta solo dagli infedeli"*. È interessante notare che fu proprio papa Clemente VIII lo stesso a condannare il consumo di tabacco all'interno dei luoghi sacri, pena la scomunica.

Il caffè ha un aroma molto complesso sviluppato da una grandissima varietà di composti volatili (più di 800 sostanze) in grado di sprigionarsi e interagire con i recettori olfattivi del nostro naso. Molti di questi si formano durante il processo di tostatura dei chicchi di caffè. Uno di questi composti è l'acido clorogenico. Studi recenti hanno rivelato che questo polifenolo attiva SIRT1, la quale, in seguito all'attivazione mediata da acido clorogenico, promuove rende più efficiente il lavoro dei mitocondri e previene l'aggregazione di LDL nelle placche aterosclerotiche (*Tsai et al., Mol Nutr Food Res, 2018*).

L'acido clorogenico esercita anche un'azione antiossidante e pare avere un ruolo nell'abbassare la velocità con la quale il glucosio entra nel sangue dopo un pasto contenete carboidrati, aiutando ad evitare picchi iperglicemici. Ovviamente, ricordiamoci che questo effetto è annullato se versiamo mezzo chilo di zucchero nella tazzina di caffè!

Il caffè, inoltre, è un antidepressivo naturale (non vi sentite più propositivi ed entusiasti nei compiti della giornata dopo una bella tazza di caffè?). Parte di questa azione è data dalla caffeina, una delle molecole più famose al mondo e più utilizzate nel linguaggio comune.

La caffeina è una molecola naturale appartenente alla famiglia degli alcaloidi, sottofamiglia delle metilxantine (la stessa a cui appartiene la teobromina abbondante nel cacao), particolarmente abbondante nel caffè e in altri vegetali con azione eccitante. Tra le varie azioni della caffeina vi è anche quella di stimolare il consumo dei grassi agendo direttamente nell'organo adiposo e stimolandolo a rilasciare acidi grassi liberi nel sangue.

> **LO SAPEVI CHE la caffeina e la teina sono...sinonimi?**
>
> La caffeina è presente in molte specie botaniche e, nel corso della storia, ha assunto diversi nomi a seconda della pianta di provenienza. Caffeina e teina sono esattamente la stessa molecola (1,3,7-Trimetilxantina) con due diversi nomi, sono quindi sinonimi! La caffeina è la 1,3,7-Trimetilxantina presente nella pianta di caffè, mentre la teina è la 1,3,7-Trimetilxantina presente nella pianta di tè.
>
> In maniera analoga la caffeina si può chiamare guaranina se contenuta nella pianta di guaranà (*Paullinia cupana*), una pianta della foresta amazzonica.

È quindi ora il momento di sfatare un luogo comune sul caffè, sul fatto che possa fare male: una recente meta-analisi pubblicata nel 2017 ha finalmente dimostrato che il caffè è veramente una bevanda salutare per la nostra salute!

Secondo lo studio il consumo di caffè (3-4 tazze al giorno) è associato ad una riduzione del rischio di malattie cardiovascolari e mortalità associata ed è correlata con una riduzione del 18% del rischio di incorrere in cancro (*Poole et al., BMJ, 2017*).

Risultati simili sono stati ottenuti anche con il caffè decaffeinato, indicando che l'effetto non è mediato dalla caffeina ma piuttosto da altre molecole contenuti nella bevanda.

Ciò nonostante, per chi soffre di ipertensione è bene suggerire di non esagerare con le tazzine di caffè o, al limite, di considerare il decaffeinato.

LO SAPEVI CHE la tua genetica può renderti un lento o un veloce metabolizzatore della caffeina?

Una volta bevuto un caffè, il tempo di permanenza della caffeina nell'organismo è regolato dalla capacità di metabolizzare (rimuovere dal circolo sanguigno) la caffeina e la velocità di questo processo può variare di molto da persona a persona. Se sei un metabolizzatore veloce il corpo smaltisce la caffeina in 2-3 ore. Se sei un metabolizzatore lento il corpo è più lento a sbarazzarsene e ha bisogno di 6-9 ore.

Questa differenza ha basi genetiche! Esistono infatti varianti a carico del DNA, più specificatamente in un gene chiamato *CYP1A2* che rende l'organismo più o meno efficiente nel metabolizzare la caffeina. Esistono in commercio test del DNA in grado di stabilire con esattezza se si è lenti o veloci metabolizzatori della caffeina.

Nel primo caso è meglio evitare il caffè e altre bevande contenete caffeina nel tardo pomeriggio e dopo cena... se non vuoi passare la notte in bianco!

LO SAPEVI CHE la caffeina è un ottimo alleato per il tuo allenamento?

Secondo la Società Internazionale di Nutrizione Sportiva (ISSN) la caffeina consumata prima dell'esercizio fisico in dosaggi moderati è efficace nel migliorare la prestazione sportiva, aumentando la vigilanza, stimolando la resistenza allo sforzo ed il metabolismo basale (*Goldstein et al., JISSN, 2010*).

Olio d'Oliva Extra Vergine: il segreto della dieta mediterranea

Olea europaea

L'olio d'oliva è un olio alimentare estratto dalle olive, i frutti dell'ulivo, un albero tipico delle zone costiere del Mar Mediterraneo. In Grecia le olive sono impiegate per produrre olio da almeno 4000 anni, la loro presenza nell'Ellade è sempre stata così diffusa da divenire base di commerci fiorenti e vigorose economie agricole, oltre ad essere materia di miti e leggende. Famoso è il mito della fondazione di Atene, che racconta della disputa tra Atena e Poseidone per essere patroni della città di Pericle e Socrate. Come dice il nome stesso della città, Atena vinse su Poseidone, in quanto il suo dono, l'olivo, fu ritenuto migliore rispetto al cavallo, offerto dal dio marino. Ad oggi, i più importanti produttori di olio di olive sono la Spagna, l'Italia e la Grecia, ma gli ulivi sono coltivati anche fuori dall'area mediterranea. Grazie alle proprietà nutrizionali ed organolettiche dell'olio ottenuto, apprezzate in tutto il mondo, gli ulivi sono infatti coltivati in tutte le aree il cui clima e temperatura siano simili a quelli della zona mediterranea da permetterne la crescita: Australia, stati del Sud America come Cile e Argentina, e anche in California.

Le olive utilizzate per la produzione dell'olio sono quelle mature, quando cominciano quindi a cambiare colore da verde a violaceo scuro: in questo grado di maturazione, infatti, il contenuto di sostanze aromatiche è al suo apice.

L'olio di oliva si distingue da tutti gli altri oli alimentari per il suo particolare aroma e per l'alto contenuto di acido oleico, un acido grasso monoinsaturo con effetti benefici per il sistema cardiovascolare. L'olio di oliva ha pochi acidi grassi saturi e un elevato contenuto di acidi grassi insaturi (in particolare monoinsaturi come l'acido oleico appena visto, e una piccola porzione di polinsaturi).

Ricordo, per chi già non lo sapesse, che un eccesso di acidi grassi saturi mette a rischio la nostra salute, e la nostra dieta occidentale ne è spesso troppo ricca. I grassi saturi (se in eccesso) hanno una maggiore tendenza di aderire alle pareti dei nostri vasi sanguigni e delle nostre arterie, contribuendo alla formazione dell'aterosclerosi. Ciò rende le arterie meno elastiche e più ostruite, contribuendo all'alta pressione del sangue e ad altri problemi cardiovascolari.

I grassi insaturi (come quelli dell'olio di oliva) sono invece a loro modo un po' più "ecclettici" dei grassi saturi.

Non hanno solo scopo energetico, ma hanno anche azione di regolazione: sono infatti precursori di molti messaggeri che il corpo usa per modulare la funzione infiammatoria, sono molto importanti anche per la trasmissione nervosa e alcuni grassi insaturi hanno pure azione antiossidante.

L'olio di oliva extra vergine (olio EVO) è ottenuto da un processo che si tramanda da millenni, nel quale le olive sono spremute meccanicamente e l'olio è estratto dal frutto senza l'utilizzo di solventi. Reperti archeologici testimoniano questa tecnologia antica e molti affreschi delle varie civiltà mediterranee (come le società degli Antichi Greci, del Medio Oriente e del Nord Africa) rappresentano figure di uomini che producono l'olio di oliva tramite una pressatrice meccanica, certe volte azionata dalla forza motrice di animali da soma.

Dal punto di vista nutrizionale, nell'olio di oliva possono essere presenti (in piccole quantità) acidi grassi liberi. Questi ultimi non hanno un odore piacevole e possono interagire con le altre molecole presenti nell'olio e danneggiarle, riducendo la stabilità al calore del prodotto. Per questo motivo è veramente molto importante tenere il quantitativo di acidi grassi liberi dell'olio il più basso possibile.

Per legge l'olio di oliva vergine contiene meno del 2% di acidi grassi liberi, mentre l'olio extra vergine d'oliva (EVO) ne contiene meno dello 0,8%.

Perciò, l'acquisto di un olio EVO ci garantisce un olio che ha mantenuto il più possibile le proprietà nutrizionali, inclusi i polifenoli delle olive.

La oleuropeina è il principale polifenolo presente nell'olio d'oliva ed è la sostanza responsabile per il retrogusto amaro che molti (incluso il sottoscritto) trovano particolarmente piacevole nelle olive e nel loro olio. La oleuropeina è utilizzata dalle piante di ulivo come agente di difesa nei confronti dei parassiti. Infatti, ha attività antimicrobica, antifungina e insetticida.

In realtà è molto utile anche per noi esseri umani. È stato riscontrato che l'oleuropeina ha proprietà protettive nei confronti di numerose malattie come il diabete, malattie cardiovascolari e patologie neurodegenerative.

Questi effetti non sono limitati solo al ben conosciuto e riconosciuto potere antiossidante della oleuropeina e altri polifenoli presenti nell'olio d'oliva. Studi più recenti hanno infatti iniziato a indicare un'interazione di rilevanza terapeutica tra l'oleuropeina e SIRT1. Possiamo star certi che il futuro ci riserverà piacevoli sorprese a riguardo dei polifenoli dell'olio di oliva, uno dei segreti dello stile di vita tipico della dieta mediterranea, una delle più salutari al mondo.

Credo sia un po' fuori luogo consigliare ad un italiano di utilizzare l'olio d'oliva all'interno della propria dieta, considerando quanto sia insito e radicato nella nostra cultura. Allo stesso tempo ritengo sia molto importante aumentare la consapevolezza di ciò che mangiamo e dare il giusto peso alle cose di cui si parla. L'olio di oliva è essenzialmente grasso puro. Tuttavia, non tutti i grassi sono uguali. I grassi polinsaturi presenti nella composizione dell'olio di oliva sono grassi salutari. Se introdotto con equilibrio nella propria alimentazione, quindi senza berselo direttamente dalla bottiglia ma nemmeno senza aver paura di aggiungerlo nell'insalata, l'olio d'oliva EVO è veramente un cibo di per sé salutare. Ora che sappiamo che ha anche proprietà che lo rendono un cibo Sirt, utilizziamolo per ottimizzare la nostra dieta.

Un suggerimento: per mantenere il più possibile le proprietà nutrizionali dell'olio EVO è consigliabile consumarlo a crudo e non utilizzarlo come olio di cottura. Perché andare a scaldare un olio così salutare dando al calore la possibilità di danneggiare le molecole contenute, in particolare gli acidi grassi polinsaturi che sono maggiormente sensibili al calore? È molto meglio aggiungerlo direttamente alle nostre ricette dopo la cottura. Questo preserverà il più possibile le proprietà nutrizionali ed impedirà la formazione di molecole potenzialmente tossiche indotta dalle alte temperature.

Per la cottura è consigliabile l'utilizzo di altri tipi di olio come quello di girasole o di arachidi o, ancora meglio, direttamente in padella antiaderente con un goccio d'acqua, rendendo il pasto più leggero. A fine cottura possiamo insaporire i nostri piatti con le spezie, che ci aiuteranno a ridurre il consumo di sale.

LO SAPEVI CHE l'aroma fruttato di un buon olio d'oliva è prodotto solamente quando le olive sono pressate meccanicamente?

Se annusi un'oliva non senti lo stesso aroma chiaramente percepibile annusando dell'olio d'oliva. L'aroma fruttato è infatti il risultato di un processo enzimatico che comincia con la pressatura delle olive durante la produzione dell'olio. In questa fase, vengono liberati specifici enzimi, precedentemente "intrappolati" dentro speciali vacuoli nelle le cellule delle olive. Questi enzimi, una volta liberi producono nuove molecole volatili che possono disperdersi nell'aria e raggiungere il nostro naso, innescando quel magnifico aroma caratteristico dell'olio d'oliva.

Tè Matcha: una verde infusione di polifenoli

Camellia sinensis

Il prossimo cibo Sirt trae le sue origini dall'estremo Oriente.

Infatti, il tè Matcha è il famoso tè giapponese. Di eccellente qualità e di un colore verde brillante, è prodotto dalle foglie del *Tencha*, un particolare tipo di tè verde che viene lavorato e tritato per ottenere il tè Matcha in polvere.

Nonostante la credenza popolare, il tè Matcha in realtà non è nato in Giappone bensì in Cina, dove viene consumato nella tradizionale cerimonia del tè già dall'VIII secolo aC.

La preparazione e il consumo di questa bevanda divenne poi parte del rituale buddista Chan. Secondo la tradizione, fu un monaco buddista della scuola Tendai ad introdurre il tè Matcha in Giappone. Qualche secolo dopo i monaci Zen non si facevano mancare grandi tazze della bevanda verde prima di affrontare lunghe ore di meditazione.

La produzione del tè Matcha richiede che le foglie di Tencha vengano coperte con reti scure che impediscono alle piante di ricevere i raggi del sole.

Questo induce la pianta a produrre, in risposta grandi quantità di clorofilla (che è la molecola responsabile del colore verde brillante del tè Matcha), un più alto contenuto di antiossidanti (il tè Matcha contiene il più alto contenuto di antiossidanti tra tutti i tipi di tè, anche più alto del normale tè verde) e di teanina.

La teanina (da non confondere con la teina, sinonimo di caffeina) è un nutriente molto interessante. Si tratta di un amminoacido in grado di agire direttamente nel cervello, con azione neuroprotettiva e rilassante. La teanina combina la sua azione con la caffeina presente nel tè Matcha, producendo un effetto di calma vigilanza. Grazie all'azione combinata di teanina e caffeina il tè Matcha è in grado di dare uno stimolo mentale senza effetti collaterali da caffeina (*caffeine crash*), specialmente se quest'ultima è assunta in dosi massicce. Ecco perché la caffeina presente nel tè Matcha e nel tè verde (anche quest'ultimo contiene teanina) è *diversa* rispetto a quella del caffè. In realtà non è diversa per niente, è la stessa molecola, solo che nel tè Matcha l'azione della caffeina è modulata dalla teanina.

Tornando alla produzione del tè Matcha, dopo venti giorni di oscurità le foglie di Tencha sono pronte per essere raccolte. Il processo artigianale di raccolta a mano foglia per foglia richiede molto tempo.

E non è finita qui.

Le foglie poi devono essere macinate a pietra, processo lungo e laborioso che richiede non meno di un'ora per la produzione di soli 40 grammi di prodotto finito.

Per tutti questi aspetti, il tè Matcha è annoverato tra i *Superfoods* e cibi funzionali.

Trovate di marketing a parte, il tè Matcha possiede effettivamente un alto contenuto di polifenoli, tra cui la quercetina. Il più importante, abbondante e studiato dalla ricerca scientifica è però l'epigallocatechina gallato (EGCG). L'EGCG ha potenti attività antiossidanti, venti volte più potente della vitamina E.

Inoltre, il tè Matcha è ottimo nel contribuire al controllo del peso corporeo. Uno studio recente ha osservato che bere il tè verde Matcha intensifica l'effetto brucia grassi indotto dall'esercizio fisico (*Willems et al., Int J Sport Nutr Exe, 2018*).

Il tè matcha si può acquistare in erboristeria, nei negozi Bio, oppure su internet (consiglio in questo ultimo caso di verificare che il sito web di acquisto sia affidabile).

LO SAPEVI CHE il tè verde è un ottimo alleato per controllare la glicemia?

Bere tè verde aiuta ad abbassare i livelli di zuccheri (glucosio) nel sangue. Infatti, una meta-analisi ha riscontrato che l'assunzione di almeno 3 tazze (237 mL) di tè verde al giorno è associato ad una riduzione del 16% del rischio di sviluppare il diabete (*Yang et al., BMJ Open, 2014*).

Cavolo riccio: il re delle verdure a foglie verdi

Brassica oleracea var. sabellica

Credo che il cavolo riccio sia in assoluto una della varietà più interessanti tra l'eterogeneo gruppo dei cavoli (genere *Brassica*). Molto di moda negli ultimi decenni nel mondo anglosassone (dove è conosciuto come "kale"), il cavolo riccio è il nuovo superfood di tendenza del mondo dei vegetali. Molti personaggi famosi hanno scelto questa verdura di moda come alleata nel dimagrimento. Un esempio è la famosa attrice Anne Hathaway che, ad esempio, si è basata su una dieta a base di cavolo riccio e proteine per entrare nelle vesti di Catwoman nel film "Il cavaliere Oscuro - Il Ritorno" di Christopher Nolan del 2012. Spero vivamente che questa popolarità si mantenga nel tempo e contamini ancor di più la nostra penisola. Il cavolo riccio è infatti un prezioso alleato per la nostra salute e per le sirtuine nel nostro corpo!

Purtroppo, in Italia, il cavolo riccio è caduto un po' nel dimenticatoio ed è molto meno conosciuto e utilizzato rispetto ad altre varietà di cavoli, come il cavolfiore (*Brassica oleracea var. botrytis*), il broccolo (*Brassica oleracea var. italica*), o il cavolo nero toscano (*Brassica oleracea var. acephala*), chiamato negli Stati Uniti *Dino Kale* in quanto ricorda la pelle dei dinosauri.

Nel nostro territorio il cavolo riccio è coltivato in Puglia, in particolare a Bari e provincia, dove è conosciuto nella forma dialettale *cole rizze*, e viene spesso utilizzato come condimento per le famosissime orecchiette pugliesi.

Uno dei motivi per cui mi piacerebbe tantissimo che il cavolo riccio entrasse abitualmente nelle cucine degli italiani è che è tra gli ortaggi con il miglior rapporto nutrienti apportati e calorie (bassissime). Un cibo "potenziativo" a tutti gli effetti!

Innanzitutto, è una fonte eccellente di vitamina C, di cui è una delle fonti migliori, ancor più di limoni e arance! La vitamina C (o [acido ascorbico](#)) è una vitamina idrosolubile che svolge un sacco di attività fondamentali nel nostro organismo. È uno dei principali agenti antiossidanti, in grado di inattivare i radicali liberi ed è in grado di svolgere un'azione antinfiammatoria. La vitamina C, inoltre, ottimizza l'assorbimento del ferro nell'intestino ed è un cofattore essenziale per la produzione del collagene. Il collagene è una proteina del corpo che dà struttura a molti tessuti, tra cui tendini, articolazioni, denti, pelle e vasi sanguigni: in pratica, essa "tiene unito" il nostro corpo! Non stupiscono quindi le conseguenze catastrofiche della carenza di vitamina C presenti nello scorbuto, una malattia devastante nel quale i tessuti, in assenza di collagene, si indeboliscono e infine collassano e si lacerano. Nel 1747 il medico scozzese James Lind, mentre lavorava come medico di bordo della nave *Salisbury*, scoprì che, per curare lo scorbuto nei marinai della flotta inglese, bastava introdurre arance e limoni (fonti di vitamina C) nella loro dieta!

Non solo vitamina C. Il cavolo riccio è particolarmente abbondante anche di carotenoidi come la luteina, la zeaxantina e il beta-carotene, che poi nel nostro corpo è trasformato in vitamina A. Tutti questi nutrienti sono molto importanti (ma non solo) per la funzionalità degli occhi e della retina. Inoltre, il cavolo riccio è una delle fonti migliori di vitamina K1, una vitamina essenziale per la coagulazione del sangue (un processo necessario, ad esempio, per la chiusura delle ferite).

Come altre verdure appartenenti alla famiglia delle *Brassicacee* (tra cui anche la rucola, di cui parleremo nelle prossime pagine), il cavolo riccio contiene non solo vitamine ma anche una bella schiera di polifenoli, tra cui gli attivatori di SIRT1 quercetina e kaempferolo.

A questo punto dovrei avervi convinto che varrebbe proprio la pena aggiungere il cavolo riccio alla propria dieta e nelle nostre scelte dal fruttivendolo. Ma come fare?

Niente di più semplice in realtà: potete aggiungerlo direttamente così com'è alle insalate, saltarlo in padella con uno spicchio d'aglio (o anche senza) oppure potete farci addirittura delle centrifughe o degli *smoothies*. Nella parte in cui spiego come funziona la dieta Sirt, vedremo come il cavolo riccio sia un ingrediente molto importante nella preparazione del "succo verde", alleato fondamentale della dieta Sirt, specialmente all'inizio della dieta.

Nella parte di ricette potrete trovare anche molti spunti per includere il cavolo riccio nei vostri piatti.

LO SAPEVI PERCHÈ i cavoli quando cotti emettono quell'odore particolare, che non a tutti piace?

Ciò è dovuto al fatto che questi vegetali sono molto ricchi di composti contenenti zolfo, che vengono rilasciati durante la cottura. Se non vai matto dell'odore solforato dei cavoli cotti, prova a cucinarli nella pentola a pressione per limitare la diffusione di queste molecole odorose per la cucina.

Levistico: il segreto dei monaci

Levisticum officinale

Anche se poco conosciuto, il levistico (chiamato anche "sedano di monte") si merita assolutamente il suo posto tra il gruppo dei cibi Sirt.

Questa pianta, che ricorda un po' anche il prezzemolo, è molto poco utilizzata nella nostra cucina in tempi odierni. Questo è abbastanza inspiegabile se pensiamo che, nel corso della storia, il levistico ha occupato un ruolo importante sia in cucina che nella medicina tradizionale, sin dall'Impero Romano fino al Medioevo. La conoscenza delle proprietà del levistico fu ampliata grazie al lavoro dei monaci Benedettini, che lo coltivavano nei loro orticelli insieme ad altre piante officinali. Al levistico sono infatti attribuiti effetti calmanti, antispastici e diuretici.

Le foglie del levistico sono simili a quelle del sedano (da qui il suo secondo nome sedano di monte) e anche dal punto di vista del gusto il sapore è simile, solo un po' più intenso e più pungente, piacevolmente stuzzicante nelle insalatone. Il levistico può però diventare anche un ingrediente sorprendente anche in altre tipologie di piatto, ad esempio nei risotti o nelle zuppe.

Grazie alle sue proprietà, il levistico è molto utilizzato anche nella preparazione di infusi, specialmente a scopi diuretici.

Per quanto riguarda i polifenoli, il levistico è estremamente ricco di quercetina (come già detto questo polifenolo è in grado di stimolare l'attività di SIRT1), la cui abbondanza è seconda solo ai capperi!

Datteri Medjoul: il Superfood dall'Oriente

Phoenix dactylifera

Classico simbolo dell'oasi nel deserto, la palma da datteri gioca un ruolo molto importante negli insediamenti umani nei deserti del Medio Oriente, del nord Africa e dell'India nordoccidentale da almeno 7000 anni: si può infatti considerarla la prima pianta coltivata nella storia dell'umanità!

La palma da dattero comincia a fruttificare solo dopo otto anni di vita, raggiungendo la piena maturità a trent'anni. Già nell'Antico Egitto era un albero molto apprezzato per i suoi frutti, i datteri appunto, molto energetici e in grado di dare forza agli uomini.

I datteri possono essere mangiati sia freschi che secchi. I datteri essiccati sono più scuri delle loro controparti appena raccolte, hanno una buccia grinzosa e rugosa (ovviamente ciò è dovuto alla perdita di acqua durante l'essicamento) e sono più calorici.

I datteri *Medjoul* (o *Medjool*) sono una specifica *cultivar* (varietà) di datteri, con frutti di dimensioni maggiori rispetto ad altri datteri e sono più dolci e gustosi. Originari del Marocco, sono oggi coltivati anche in Israele e in altri stati del Medio Oriente appartenenti alla Mezzaluna Fertile.

I datteri Medjoul sono stati introdotti anche nel continente americano agli inizi dello scorso secolo nel sud della California e poi, verso la fine degli anni '60, la coltivazione fu portata anche nel nord del Messico, nella San Luis Rio Colorado Valley nello Stato di Sonora e successivamente nella Mexicali Valley nello Stato della Baja California, diventando la principale coltivazione di datteri coltivata in Messico.

In altre parole, così come altre coltivazioni originatesi dall'area mediterranea, anche i datteri si sono diffusi nel mondo e sono oggi coltivati in tutti i Paesi dove il clima e le temperature sono simili a quelle dei loro luoghi di origine.

In particolare, la coltivazione dei datteri Medjoul ha molti vantaggi, in quanto è in grado di produrre frutti con ottima resa, di alta qualità e densità energetica e di alto valore nutrizionale (sono anch'essi un esempio di cibo molto energetico ma molto denso di nutrienti utili al nostro organismo, quindi cibi "potenziativi").

L'analisi del contenuto di minerali nei datteri Medjoul rivela che l'elemento più abbondante è il potassio: ben 850 mg per 100 g (*Salomón-Torres et al., PeerJ, 2019*). Per fare un confronto, le famose banane, mangiate da molte persone per il loro potassio, contengono 350 mg di potassio per 100 g di parte edibile.

Una dieta ricca di potassio riduce il rischio di ictus, infarto e altre patologie del sistema cardio-circolatorio. Il potassio è inoltre molto importante per il corretto funzionamento del sistema circolatorio.

Le indicazioni dell'Organizzazione Mondiale della Sanità sono di consumare 3500 mg di potassio al giorno per le persone adulte. I datteri possono sicuramente aiutare a raggiungere questo fabbisogno.

Il consumo di datteri aiuta anche ad abbassare i livelli del colesterolo "cattivo" LDL e, grazie alla presenza di un altro importante sale minerale, il magnesio, contribuisce a regolare la pressione sanguigna.

Per quanto riguarda i datteri Medjoul come cibo Sirt, ci sono molte evidenze scientifiche che quest'ultimi contengano un'alta concentrazione di polifenoli (*Salomón-Torres et al., PeerJ, 2019*).

Ricordiamoci, infine, che i datteri secchi hanno un elevato contenuto di carboidrati (>60%) e sono quindi alimenti molto energetici, quindi è comunque bene non esagerare. Se la scienza della nutrizione dovesse insegnarci una sola cosa, questa sarebbe che il segreto è trovare sempre un equilibrio.

Un modo molto intelligente di utilizzare i datteri è di riservarli come spuntino prima di uscire a fare jogging o prima di andare in palestra, oppure subito dopo l'attività fisica per reintegrare le scorte energetiche e i minerali persi con la sudorazione. Alternativamente, tre o quattro datteri sono ottimi come spuntino di metà mattina o di metà pomeriggio per riattivarci.

Prezzemolo: l'erba onnipresente

Petroselinum crispum

Il prezzemolo ha origine nell'area mediterranea, ma ormai è coltivata ovunque al mondo. Questa pianticella verde può crescere sia in vaso che in giardino e, pur soffrendo di clima estremo (caldo eccessivo o freddo eccessivo), cresce rapidamente. Se le foglie sono appassite, una volta annaffiate è possibile vederle "resuscitare" in pochi minuti.

Le note aromatiche fresche e un po' legnose del prezzemolo si sposano con una miriade di piatti, diversissimi tra loro, partendo dai vari risotti, passando per i funghi e finendo alle carni e al pesce, e a molte altre combinazioni che hanno come limite solo la fantasia. Ovviamente anche le insalatone possono beneficiare della sua freschezza. Il suo gusto erbaceo si lega molto bene inoltre anche con altre spezie, senza che si sormontino.

Fu nel Medioevo che il prezzemolo guadagnò grande popolarità. La sua presenza in cucina divenne abituale, da qui il modo di dire "*essere come il prezzemolo*" ad indicare qualcosa di onnipresente.

Nel corso dei secoli acquisì anche credito come erba medicinale. Il suo utilizzo nella medicina tradizionale ha ricevuto conferme anche dalla medicina moderna: molti studi ne hanno attribuito proprietà curative e promotrici di salute, tra cui le azioni antiossidante, epatoprotettiva, neuroprotettiva, antidiabetica, analgesica, spasmolitica, antiulcera, diuretica, ipotensiva, antibatterica e antifungina.

Il prezzemolo è tra i cibi più ricchi del polifenolo apigenina, in grado di attivare SIRT1, ma contiene anche buone quantità di luteolina, quercetina e kaempferolo (*Farzaei et al., J Tradit Chin Med 2013*).

Cicoria rossa: figlia dell'orologio dei pastori

Cichorium intybus

Presente fin dalla notte dei tempi come specie spontanea, la cicoria selvatica ha dei fiori caratteristici di colore celeste che si aprono la mattina alla stessa ora e si chiudono verso metà pomeriggio, motivo per il quale, in alcune aree delle Alpi, la cicoria selvatica è chiamata "*orologio dei pastori*". Quando i suoi fiori si chiudono i montanari sanno che è tempo di mungere le mucche.

La cicoria comune, madre di tutte le cicorie, è stata per secoli selezionata e modificata dai coltivatori tramite innesti, variazioni di condizioni di coltivazione e selezione delle varietà, portando a delle vere e proprie opere d'arte della natura aiutate dall'ingegno umano, tra cui la cicoria rossa, anche se ormai in Italia è conosciuto molto di più con il nome di "radicchio rosso". In realtà sarebbe meglio parlare di radicchi e non di radicchio, dato che le varietà presenti (pur appartenendo alla stessa specie *Cichorium intybus*) hanno aspetti e caratteristiche organolettiche diverse tra loro. Dal radicchio rosso di Chioggia IGP, dalla forma rotondeggiante e dal gusto amarognolo, al radicchio di Verona IGP, dalla caratteristica forma di un ovale allungato, foglie di un rosso scuro intenso con venature bianche che danno una sfumatura di dolcezza, e molti altri.

Ma è il radicchio di Treviso tardivo IGP ad essere in assoluto il *re dei radicchi*! Questa meravigliosa varietà ha una forma particolare e diversa dai suoi colleghi, con foglie affusolate e lanceolate. Si sviluppa durante il freddo umido della pianura Padana e sviluppa un gusto amarognolo appena accennato. Il radicchio tardivo può essere consumato crudo, ma anche cotto è meraviglioso (ad esempio al forno, anche semplicemente così com'è senza aggiunta di altri ingredienti).

Queste e molte altre varietà più o meno conosciute rendono la cicoria rossa un alimento molto eterogeneo, di cui non ci si potrebbe mai stancare. Ciò stupisce se pensiamo che le varietà del radicchio sono molto giovani, allietano le nostre tavole e i nostri palati da non molto di più di un secolo.

Secondo la leggenda il radicchio fu importato dal Nord Europa, ad opera di Francesco Van den Borre, arrivato in Veneto dal Belgio. Van den Borre era un giardiniere specializzato in allestimenti di parchi e giardini, e applicò le sue conoscenze di tecniche di imbiancamento allora utilizzate sulla cicoria belga (indivia) sui radicchi di campo, dando il "*la*" allo sviluppo del prodotto trevigiano e degli altri radicchi.

Di questa notizia non ci sono prove certe, tant'è che rimarrà una storia raccontata dai nonni trevigiani ai loro nipotini.

Fatto storico è invece l'istituzione dell'Associazione Agraria Trevigiana ad opera dell'agronomo lombardo Giuseppe Benzi trasferitosi a Treviso a fine Ottocento. Grazie a questa associazione il Benzi inaugurò la prima mostra dedicata al radicchio rosso il 20 dicembre 1900, sotto la Loggia di Piazza dei Signori.

Già verso la metà del secolo scorso (in soli pochi decenni) il radicchio aveva raggiunto una grandissima popolarità ed era utilizzato non solo in cucina, ma anche nel mondo cosmetico per produrre maschere purificanti, e nel campo terapeutico in infusi digestivi. Personalmente mi stupisce molto la rapidità di diffusione del radicchio nelle nostre zone, se penso a quanta fatica hanno avuto altre "nuove piante", come la patata e il pomodoro dal Nuovo Mondo e il caffè dall'Oriente, che hanno dovuto sudare e aspettare secoli prima di far parte delle nostre abitudini alimentari. Pensate che il pomodoro nei primi anni della sua comparsa in Europa veniva considerato tossico e veniva usato come pianta ornamentale per i suoi frutti colorati.

Dal punto di vista nutrizionale, il radicchio rosso è particolarmente ricco di polifenoli, tra cui la luteolina e la quercetina. Questi, come già visto, attivano SIRT1 e riducono l'infiammazione cronica e contrastano l'aterosclerosi. È molto ricco anche di inulina, una fibra prebiotica, in grado cioè di stimolare la crescita dei microorganismi benefici del nostro microbiota intestinale.

Se dovessi usare una sola frase per racchiudere l'essenza del radicchio, utilizzerei questa: "così come nel radicchio il rosso e il bianco si incontrano, così fanno salute e gusto quanto lo mangiamo".

PS: se passate nei pressi di Treviso a Dicembre, dovete assolutamente fermarvi alla tradizionale Antica Mostra del Radicchio Rosso di Treviso IGP, che nel 2021 giungerà alla sua 114° edizione!

Giuseppe Benzi ne sarebbe fiero.

Cipolla Rossa: un medicamento antico

Allium cepa

La cipolla è uno dei vegetali più antichi tra tutti quelli consumati dall'uomo. Nativa del continente asiatico (Iran o Afghanistan), abbiamo testimonianza di consumo di cipolle nell'Antico Egitto dal 3000 a.C., dove venivano rappresentate negli affreschi delle tombe dei faraoni. Addirittura, la cipolla era venerata come una divinità ed era utilizzata per testimoniare sotto giuramento o messa nelle mani, sul petto e sulla cavità degli occhi dei defunti che passavano nell'aldilà.

Esistono molte varietà di cipolle che possono differire notevolmente per forme e colori. La parte edibile della pianta è il bulbo, di cui si possono distinguere tre sottocategorie entrambe molto diffuse: la cipolla bianca, la cipolla gialla e la cipolla rossa. La cipolla è principalmente composta da acqua (circa 90% del peso) e sono povere di grassi e di proteine. Contengono però una discreta quantità di fibre alimentari, ottime per la salute dell'intestino e del nostro microbiota intestinale, e potassio (160 mg per 100 g di alimento). Di particolare interesse nel nostro caso, la cipolla rossa si distingue dalle altre varietà per la sua dolcezza al punto che viene impiegata anche nella produzione di marmellate. Le differenze tra cipolla bianca e cipolla rossa vanno ben oltre il semplice colore: il colore rosso della cipolla rossa indica infatti una vasta gamma di nutrienti antiossidanti, in particolare il polifenolo quercetina.

Il botanico e medico greco Discoride (40-90 d.C.) indicava infatti che la varietà bianca era più adatta come alimento, mentre quella rossa come medicinale. Anche il medico romano Galeno (129-210 d.C.) sposò la stessa tesi, considerando il colore rosso indice di una più intensa efficacia curativa.

> **LO SAPEVI CHE esistono dei modi per contrastare il "pianto da cipolla"?**
>
> Nel corso dei secoli cuochi di ogni ordine e grado hanno cercato di scovare i metodi migliori per evitare (o almeno limitare) lo stimolo alla lacrimazione indotto dalla cipolla tagliata. Questo spiacevole effetto è causato da molecole volatili (in particolare il tiopropanal-S-ossido) che, una volta liberate dalle cellule di cipolla rotte dal coltello durante il taglio della stessa, entrano nell'aria e svolazzano fino ai nostri occhi, irritandoli. Trattasi di una guerra chimica della pianta per tenere alla lontana gli animali predatori. La strategia vincente dovrebbe essere quindi un modo per evitare che queste molecole passino nell'aria. Poiché le molecole lacrimogene sono solubili in acqua, bagnare il coltello con acqua prima di mettersi a tagliare la cipolla è un buon modo per "intrappolare" le molecole lacrimogene nelle gocce d'acqua nel coltello ed impedire che raggiungano i nostri malcapitati occhi.

Rucola: l'erba che brucia

Eruca sativa

Avete presente quell'erbetta carina e un po' amarognola messa nel piatto come elemento decorativo quando siete al ristorante?

Quell'erbetta carina, non lasciatela nel piatto! È davvero un peccato privarsi di un cibo potenziativo così ricco di nutrienti (e di polifenoli).

Sto parlando ovviamente della rucola, uno dei vegetali a foglia verde più nutrienti (e, secondo il sottoscritto, più buoni).

Anche la rucola ha origine mediterranee. È una piccola erba annuale con foglie lobulari allungate con venature verdi. Il suo gusto è veramente particolare e molto aromatico, che assume note quasi piccanti tali per cui molte persone non osano mangiare la rucola da sola ma la mischiano sempre insieme ad altre varietà di insalata.

Il sapore piccantino della rucola è dovuto a particolari molecole, chiamate *glucosinolati*, responsabili anche della piccantezza della senape.

In realtà la rucola è deliziosa anche "in purezza". Un piccolo trucco per le persone che vogliono smorzare le sue note pungenti è semplicemente il condimento: le spezie (ad esempio il pepe, un pizzico di sale) riescono ad aggiungersi al coro dei gusti evitando che la rucola agisca in solitaria; l'olio (meglio ovviamente l'olio extra vergine di oliva) crea dentro il cavo orale una patina oleosa nella lingua che rallenta il raggiungimento ai recettori della lingua dei glucosinolati responsabili della piccantezza.

La rucola non è solo un ingrediente perfetto nelle insalate, da sola o in combinazione, è anche eccezionale nella preparazione di una variante del pesto genovese, ovvero il pesto di rucola (nella sezione Ricette trovate ingredienti e preparazione).

Sembra che il termine "rucola" derivi da Latino "*eruca*", che significa "bruciare", probabilmente traendo ispirazione dal sapore pungente di questa erba o, alternativamente, dagli effetti afrodisiaci attribuiti alla rucola stessa, in grado di risvegliare il "fuoco della passione".

Infatti, fin da tempi antichi la rucola è stata impiegata in forma di decotto per combattere l'impotenza e altri disturbi della sfera sessuale.

In effetti la ricerca scientifica moderna indica che queste pratiche erano sensate: i dati in nostro possesso indicano infatti che la rucola è in grado di contrastare l'azione di un enzima che causa problemi di erezione negli esseri umani, con conseguente aumento di irrorazione sanguigna ai corpi cavernosi del pene. (*Alhowiriny et al., J Med Plant Res, 2013*).

Inoltre, sempre secondo la ricerca scientifica, la rucola ha numerosi altri benefici per la salute.

Innanzitutto, è tra gli alimenti più ricchi di fibre, calcio, ferro, potassio, fosforo e vitamine, in particolare vitamina C e vitamine del gruppo B. Proprio per il suo ampio spettro di vitamine e minerali apportati, essa è associata alla salute e alla "bellezza" di pelle capelli e unghie, che sono i primi tessuti a mandare dei segnali di sofferenza qualora ci siano situazioni di carenza o micro-carenza di qualche vitamina o minerale nell'organismo.

La rucola ha proprietà diuretiche e antitrombotiche (contrasta cioè la formazione di occlusioni e coaguli di sangue dentro i vasi sanguigni, cosa estremamente pericolosa in quanto può essere causa di infarti e ictus).

È molto ricca di quercetina e kaempferolo, polifenoli che ormai conosciamo molto bene in relazione a SIRT1 (*Heimler et al., J Agric Food Chem, 2007*).

In ultimo, *last but not least*, la rucola vanta delle proprietà ipotensive, cioè in grado di contribuire alla regolazione della pressione sanguigna qualora essa sia troppo alta, grazie alla presenza di erucina, una molecola contenente zolfo chiamata così proprio perché abbondante nella rucola (*Eruca sativa*).

LO SAPEVI CHE nel Medioevo la rucola fu... censurata?

Nel poema "*Moretum*", probabilmente scritto da Virgilio, troviamo scritto "*et Veneris revocans eruca morantuem*" ("e la rucola risveglia i sensi di coloro che sono dormienti").

La reputazione di erba in grado di stimolare il desiderio carnale accompagnò la rucola fino al Medioevo, periodo in cui la coltivazione della rucola fu proibita nei conventi e nei monasteri, in quanto "erba del peccato".

Soia: la principessa dei legumi

Glycine max

Se siete vegetariani o vegani conoscete sicuramente già bene questo cibo Sirt.

Tuttavia, la soia è un alimento veramente molto sano e interessante che chiunque dovrebbe conoscere e includere nelle proprie abitudini alimentari.

La soia è un legume, e tra tutti i legumi è quello con il più alto contenuto di proteine: 35 g per 100 g di alimento! Pensate, per fare un confronto, che la carne e il pesce (i primi cibi a cui solitamente pensiamo quanto parliamo di proteine) contengono "solo" 20-25 g di proteine su 100 g.

Non solo la quantità di proteine, ma anche la qualità è eccellente: la soia, infatti, vanta un elevato contenuto di amminoacidi essenziali, comparabile alle fonti proteiche animali, e il più alto in assoluto rispetto a tutte le altre fonti proteiche di origine vegetale!

Anche il contenuto di grassi è più alto rispetto agli altri legumi, tuttavia la qualità di questi grassi è ottima (alto contenuto di acidi grassi monoinsaturi e polinsaturi).

La soia è molto ricca di minerali, specialmente ferro, magnesio, potassio, zinco e manganese.

Uno dei grandi vantaggi della soia è la sua capacità di contribuire al controllo del colesterolo, grazie all'azione sinergica della lecitina e degli isoflavoni. Gli isoflavoni sono una particolare sottofamiglia di polifenoli tipica dei legumi e tra i polifenoli più studiati e conosciuti a livello scientifico. Gli isoflavoni più rappresentativi della soia sono la genisteina e la daidzeina. Queste sostanze aumentano l'escrezione di colesterolo, in particolare del colesterolo "cattivo" LDL, lasciando intatto il colesterolo "buono" HDL, favorendo quindi l'azione protettiva nei confronti di patologie cardiovascolari. Non è una coincidenza che nelle zone del mondo in cui il consumo di soia e derivati è più alto (ad esempio nell'estremo Oriente) l'incidenza di patologie cardiovascolari sia più basso.

Il rapporto causa/effetto del ruolo degli isoflavoni nella salute del cuore è stato supportato da un numero estremamente alto di studi indipendenti. Una recente meta-analisi conclude che *"in base alle evidenze accumulate, il consumo di soia è inversamente proporzionale all'incidenza di patologie cardiovascolari e infarto"* (*Yan et al., Eur J Prev Cardiol, 2017*).

Uno studio ancora più recente svolto dalla *American Heart Association* ha ulteriormente avvalorato il concetto che chi mangia tofu e cibi ricchi in isoflavoni ha un minore rischio di malattie cardiache (*Ma et al., Circulation, 2020*). Nello studio, i ricercatori del *Harvard Medical School and Brigham and Women's Hospital* hanno analizzato dati provenienti da più di 200.000 individui. Tutti i soggetti all'inizio dello studio non avevano patologie cardiache e la loro dieta è stata monitorata durante tutta la durata dello studio, durato più di 20 anni!

I risultati hanno rivelato che chi consuma tofu più di una volta a settimana ha un rischio ridotto del 18% di malattia coronarica, mentre chi consuma tofu meno di una volta al mese ha solo il 12% di riduzione del rischio.

Il tofu è la famosa preparazione del derivato della soia di origine cinese.

Può essere preparato anche a casa a partire dalla bevanda di soia fatta cagliare.

Volendo si può partire direttamente dai semi di soia.

Preparazione del Tofu fatto in casa.

Ecco la procedura.

- Idratare i semi di soia con acqua e poi frullarli insieme ad acqua (1 litro ogni 100 grammi di soia).
- Trasferire in una pentola e riscaldare il composto, mescolando fino a quasi l'ebollizione.
- Continuare a mescolare per altri 15-20 minuti.

- Fermare il riscaldamento e, non appena il liquido sarà abbastanza freddo da poterlo maneggiare con le mani, passarlo in uno strofinaccio poroso o in un colino a maglia fine.

- Strizzare bene con le mani e far fuoriuscire la parte liquida, che è la bevanda di soia (chiamata impropriamente anche "latte di soia"), separandola dalla parte solida (denominata "*Okara*") rimasta all'interno della tela (o sul setaccio).

- La bevanda di soia ottenuta deve essere bevuta entro pochi giorni (può essere conservata in frigorifero), altrimenti può essere utilizzata nella preparazione del tofu, in cui è necessario cagliare la bevanda di soia. Volendo si può partire dalla bevanda di soia acquistata al supermercato e iniziare la lavorazione dal prossimo punto.

- Per cagliare la bevanda di soia, trasferirla in una pentola e scaldare mescolando.

- Dopo un po', prima di arrivare ad ebollizione, aggiungere il coagulante: io vi consiglio il tradizionale giapponese *Nigari*, che altro non è che un sale, cloruro di magnesio (lo trovate facilmente nei negozi di alimentari orientali). Sciogliere il contenuto di circa 1 cucchiaino di Nigari in circa 100 mL di acqua tiepida e aggiungere circa un terzo di questa soluzione contenente Nigari al latte di soia caldo, mescolare, coprire la pentola per 5 minuti, aggiungere ancora Nigari, mescolare, coprire la pentola ancora per 5 minuti, fino ad aggiungere tutta la soluzione Nigari. Alla fine, la cagliata di soia precipiterà separandosi dalla parte liquida.

- Infine, unire la cagliata in uno stampo da formaggio forato e coprirla con uno strofinaccio (in alternativa si può separare il liquido dal siero con un colino a maglia fine), strizzare per far uscire bene tutto il liquido.
- Lasciare riposare. Dopo circa mezz'ora il tofu fatto in casa è pronto per essere consumato o conservato in frigorifero per un massimo di 4-5 giorni.

Fragole: i deliziosi non-frutti

Fragaria spp.

Certamente uno dei "frutti" più famosi al mondo. Una volta raggiunta la loro maturazione, le succose fragole fresche rivelano una combinazione di gusti fruttati, caramellati e dolci con note verdi, che le rendono uno dei *frutti* più gustosi che la Natura possa offrire anche se... *frutti non sono*!

Infatti, dal punto di vista botanico, i veri e propri frutti della fragola sono quelli che vengono denominati *acheni*, cioè quei semini gialli nella superficie della fragola, mentre la parte rossa e succosa, il "falso frutto", non è altro che il ricettacolo ingrandito dell'infiorescenza.

Nell'Antica Roma le fragole erano considerate afrodisiache e questa considerazione è sopravvissuta nei secoli. Infatti, in epoca contemporanea questi frutti sono uno dei simboli dell'amore grazie al loro colore, alla loro forma e alla loro morbidezza. Pensiamo solo allo sposalizio perfetto tra fragole e panna o fragole e cioccolato.

Per tutte queste caratteristiche, le fragole sono utilizzate moltissimo in pasticceria. È stato a partire dagli anni '80 del secolo scorso, con l'arrivo in Italia della *Nouvelle Cuisine* francese, che la considerazione della fragola e delle sue associazioni aromatiche fu rivoluzionato. Grazie a quel movimento ora non c'è piatto, dolce o salato, in cui non si possa osare inserire le fragole tra gli ingredienti della ricetta, quasi sempre con risultati piacevolmente sorprendenti. Ecco che le fragole vengono inserite addirittura anche in insalatone, in risotti o in salse agrodolci create per accompagnare arrosti e altri piatti di carne. In definitiva, non esiste una ricetta in cui le fragole non possano essere utilizzate o perlomeno testate.

E ciò è ottima cosa per la nostra salute! Le fragole hanno infatti moltissime virtù nutrizionali. Prima di tutto hanno un potere antiossidante altissimo, molto più alto di molti altri alimenti. In parte questo è dovuto all'elevato tenore di vitamina C, circa 60 mg per 100 g di frutto fresco (*Giampieri et al., Food & Function, 2015*). Non stupisce quindi che la fragola sia stata inserita tra i cibi *anti-ageing* (anti-invecchiamento) dal Dipartimento dell'agricoltura degli Stati Uniti d'America (USDA).

Le fragole non si fermano al potere antiossidante, ma sono utili anche per combattere il colesterolo cattivo e hanno azioni lassative, diuretiche, purificanti e detossificanti.

Contengono infine una particolare molecola, lo xilitolo, che forse ricorderete per le pubblicità dei chewing-gum rinfrescanti o dei dentifrici. Lo xilitolo, infatti è un composto sia dolce che rinfrescante, connubio molto raro. Ve lo posso confermare personalmente, avendo avuto l'occasione di assaggiare xilitolo puro: una sensazione di dolcezza iniziale seguita da una freschezza in bocca, un sapore che ricorda la menta. Un'esperienza quasi magica! Nelle fragole questa sensazione è quasi completamente nascosta dalle altre componenti dell'alimento mischiate allo xilitolo. Ebbene, lo xilitolo è in grado di prevenire la formazione del tartaro dentale e inibisce la crescita dei batteri responsabili dell'alito cattivo. Ecco spiegato il grande interesse sullo xilitolo da parte delle aziende di chewing-gum e dentifrici!

> **LO SAPEVI CHE la vitamina C è molto "fragile"?**
>
> La Vitamina C (acido ascorbico) è cruciale per la nostra salute. Sfortunatamente è molto instabile e può essere facilmente danneggiata e resa inutilizzabile dal calore, dalla luce e dall'ossigeno dell'aria. Nel frutto o nell'ortaggio intatti la vitamina C è protetta e al sicuro dentro le cellule. Tuttavia, nel momento in cui l'alimento è manipolato (ad esempio viene cucinato al calore o semplicemente viene preparata una spremuta di agrumi) la vitamina C è esposta al calore, alla luce e all'aria.
>
> Mi raccomando: quando al bar ordinate una spremuta di arancia assicuratevi che sia preparata al momento, se non volete perdervi la vitamina C!

In aggiunta a questi nutrienti, le fragole sono tra le più ricche fonti alimentari di polifenoli!

La sottofamiglia più abbondante è rappresentata dalle antocianine e dagli ellagitannini (questi ultimi appartengono al gruppo dei tannini, gli stessi che danno la sensazione di astringenza del vino rosso in bocca). Sono presenti, tuttavia, anche gli attivatori di SIRT1 che abbiamo già incontrato: la quercetina, il kaempferolo e la fisetina. Degno di nota è quanto hanno dimostrato studi recenti: queste molecole presenti nelle fragole hanno effetti neuroprotettivi, riducono l'ipertensione e l'insorgenza di patologie cardiovascolari e, addirittura, presentano azione anti-tumorale (*Giampieri et al., Food & Function, 2015*).

È infine importante sottolineare il fatto che molte delle virtù nutrizionali e salutari delle fragole sono presenti nei suoi stretti parenti frutti di bosco (per esempio mirtilli, lamponi, more). Quindi ogni tanto è bello, salutare e divertente variare tra questi frutti e sperimentare le loro innumerevoli applicazioni nelle nostre ricette.

Mela: una al giorno attiva SIRT1

Malus domestica

Le mele sono sicuramente il frutto più iconico e leggendario. Dalla mela di Adamo ed Eva, alla mena di Biancaneve, fino alla mela di Guglielmo Tell e a quella che, cadendo da un albero colpì la testa di Isaac Newton procurandogli, oltre ad un bel bernoccolo, anche l'ispirazione per sviluppare la legge della gravitazione universale.

È evidente che la mela ha giocato un ruolo molto importante nell'immaginario collettivo dell'uomo e nella cultura di diversi popoli e tradizioni. La mela non ha quindi solo un valore nutrizionale ma anche uno simbolico.

Non è solo un alimento ma qualcosa di più: è la meravigliosa dimostrazione della differenziazione della natura. È infatti stimato che le diverse varietà di mele esistenti in natura, comprendendo sia quelle commestibili che quelle non commestibili, sono ben 7.000!

Originaria dell'Asia centrale, la mela era coltivata già nel Neolitico. Da lì la sua coltivazione si diffuse a macchia d'olio fino a raggiungere l'Europa, passando prima nel Medio Oriente, poi in Egitto nella valle del Nilo, e quindi in Grecia. Successivamente, grazie alle conquiste dell'Impero Romano, la nostra mela arrivò fino all'Europa continentale dove si attestano vari luoghi di antica coltivazione. Le varietà di mele moderne derivano da solo quattro progenitori di varietà ancestrali che vennero a contatto tra loro e combinarono il loro DNA lungo la via della seta.

La mela è, come anche la fragola vista poco fa, una dei cibi con il più alto potere antiossidante. Tutto grazie al mix vincente di micronutrienti contenuti: non solo vitamine (provitamina A, vitamine C B1, B2, B3, B6, B9, e vitamina E), ma anche carotenoidi e polifenoli.

Una completa discussione di tutti i polifenoli contenuti nella mela richiederebbe un libro intero, anche per il fatto che la ricerca scientifica è molto attiva nello studio dei particolari composti fenolici presenti nelle mele. Inoltre, esiste una grande diversificazione di polifenoli prodotti dalle diverse varietà di mele esistenti.

Tuttavia, uno studio recente del 2018, ha fatto maggiore chiarezza sul contenuto dei diversi polifenoli in alcune *cultivar* (varietà) commestibili di mela di interesse commerciale, andando ad analizzare il contenuto sia nella buccia che nella polpa (*Kschonsek et al., Antioxidants, 2018*).

Tra i polifenoli abbondanti nella mela lo studio ha identificato in tutte le *cultivar* la quercetina, che ormai sappiamo a menadito essere uno di quei polifenoli attivatori di SIRT1. Nelle cultivar sono stati identificati anche l'acido clorogenico (che abbiamo già incontrato nel caffè) e l'epicatechina, anche loro stimolanti dell'azione di SIRT1.

Le mele sono ricche anche di procianidine, un altro gruppo di polifenoli. Non è chiaro se queste siano in grado di attivare SIRT1 o no (alcuni studi dicono di sì ma sono preliminari). Tuttavia, ciò che sappiamo è che le procianidine sono efficaci nell'abbassare il colesterolo cattivo LDL e (udite udite) nel promuovere la salute e la bellezza dei capelli, in quanto vanno a fortificare il bulbo del capello (*Tenore et al., J Med Food, 2018*).

Un motivo in più per mangiare (almeno) una mela al giorno!

> **LO SAPEVI CHE** non dovresti scartare la buccia della mela?
>
> La maggior parte dei nutrienti, in particolare i polifenoli, sono concentrati nella buccia della mela, e il quantitativo è invece ridotto nella polpa.
>
> Inoltre, la buccia contribuisce maggiormente al senso di sazietà grazie alle fibre contenute.

Curcuma: la protezione dalla Natura

Curcuma longa

Se c'è un cibo conosciuto nel campo della medicina tradizionale da secoli e secoli, questo è la curcuma, una pianta appartenente alla famiglia dello zenzero vastamente coltivata nelle regioni dell'Asia meridionale.

Potreste aver sentito, durante la stagione invernale, che molte persone utilizzano gli estratti di curcuma, venduta all'interno di integratori alimentari, per fortificare le difese immunitarie e difendersi da raffreddore e malanni stagionali.

Effettivamente, questa moda popolare degli ultimi anni in realtà deriva dalle medicine tradizionali indiana e cinese e ha un fondo scientifico. Alla curcuma sono infatti state attribuite proprietà preventive contro alcune patologie, tra cui infezioni respiratorie, come evidenziato da numerosi studi svolti in India, dove la curcuma è ampiamente consumata dalla popolazione come componente del curry (*Kocaadam & Şanlier, Crit Rev Food Sci Nutr, 2017*).

Ce ne sarebbero di cose da raccontare sulla curcuma, in particolare della sostanza in essa contenuta, la curcumina, responsabile di tante delle proprietà curative della curcuma. In generale possiamo però riassumere i ruoli della curcumina nel nostro corpo in tre punti:

- Azione antiossidante e difesa dai radicali liberi. Dobbiamo sapere che nella produzione di energia le nostre cellule producono rifiuti. I radicali liberi possono essere appunto considerati come prodotti di scarto della produzione di energia e, se in eccesso, possono danneggiare in vario modo cellule e tessuti.
- Azione antinfiammatoria: la curcumina ha un'azione diretta dove c'è un'infiammazione localizzata. Alcuni anni fa, alcuni ricercatori dell'Università di Bologna hanno proposto il termine "Inflammaging", indicando come l'eccessiva infiammazione sia importante nell'innesco del processo di invecchiamento. Considerando questo, la curcuma può essere davvero considerata un alimento anti-aging!
- Azione purificante: la curcumina aiuta il fegato a smaltire le sostanze esogene.

LO SAPEVI CHE la curcuma e il pepe nero sono "ottimi amici"?

La principale sostanza bioattiva della curcuma è la curcumina. La curcumina è un potente antiossidante (il suo potere antiossidante è stato stimato essere 300 volte più alto di quello della vitamina E!) con anche attività anti-infiammatorie, antivirali, epatoprotettive e in grado di regolare la pressione sanguigna e abbassare il colesterolo cattivo.

La piperina, la molecola responsabile della piccantezza del pepe nero è in grado di aumentare la biodisponibilità della curcumina o, in altre parole, la capacità del nostro corpo di assorbirla ed impiegarla efficacemente. Perciò, quando usate la curcuma nelle vostre ricette, assicuratevi di includere una spruzzatina di pepe nero per massimizzare l'assorbimento e i buoni effetti della curcuma e della sua curcumina!

Noci: un Tesoro sotto-guscio

Juglans regia

Le noci non sono solo delle delizie, ma sono anch'esse molto importanti per il loro contributo nutrizionale molto elevato. Non dovrebbero mancare dalle nostre tavole e dai nostri spuntini!

Diamo un'occhiata all'affascinante anatomia del frutto della noce. Questo è composto da un involucro esterno verde che racchiude il pericarpo legnoso e coriaceo, quello che spezziamo con lo schiaccianoci per rilasciare il gheriglio, ovvero la parte del frutto che effettivamente mangiamo.

Il fatto che il frutto della noce (o meglio, il suo gheriglio) sia molto calorico non dovrebbe distogliervi dal tesoro di nutrienti al suo interno. Non abbiate paura di ingrassare mangiando qualche noce per spuntino! Mille volte meglio di un crackerino "light" che invece è un alimento scarico di nutrienti (depotenziativo!). Il gheriglio della noce è infatti ricco di proteine, di vitamine, di minerali (in particolare potassio, fosforo e magnesio, mentre è povero di sodio), di fibre, e di grassi insaturi. In particolare, le noci sono abbondanti di acido alfa-linolenico, un acido grasso della serie omega-3. I grassi omega-3 sono acidi grassi essenziali. Come nel caso degli amminoacidi, anche in questo caso l'aggettivo "essenziale" ha un significato ben preciso nella scienza della nutrizione, cioè che il corpo umano non è in grado da solo di costruirsi questi acidi grassi ed è quindi necessario introdurre con la dieta fonti di acidi grassi omega-3.

Tenendo in considerazione che la dieta occidentale è molto carente in cibi che apportano omega-3, è cruciale identificare strategie per aumentare l'introito di acidi grassi essenziali omega-3 nella nostra dieta. Ottime fonti di omega-3 sono il pesce, in particolare il pesce azzurro, i semi di lino e le noci appunto. Gli acidi grassi omega-3 sono associati ad un numero veramente ragguardevole di effetti benefici per la salute, comprovati da una quantità enorme di studi e pubblicazioni scientifiche di svariati argomenti nel campo della salute. Si va dalla protezione cardiovascolare, alla funzione cerebrale e della vista, fino ad un effetto anti-infiammatorio sistemico. Per quanto riguarda i nostri ormai amiconi polifenoli, le noci sono tra le più importanti fonti alimentari, con un contenuto riportato di fino 2,5 g per 100 g! Uno dei più importanti polifenoli sono gli ellagitannini, associati alla riduzione dell'adiposità, del colesterolo LDL e della glicemia (*Ros et al., Curr Opin Clin Nutr Metab Care, 2018*).

Tra gli attivatori di SIRT1 nelle noci troviamo l'acido gallico (*Jahanban-Esfahlan et al., Molecules, 2019*), e non dobbiamo dimenticare inoltre che le noci sono inoltre ricche di fitosteroli, anche questi nutrienti aventi un effetto ipocolesterolemizzante.

Come funziona la dieta Sirt?

La dieta Sirt sta guadagnando molta popolarità negli ultimi anni. Questo perché, diversamente dalle altre diete, permette il consumo di cioccolata fondente e di vino rosso. Ovviamente la dieta Sirt, pur famosa per questi due alimenti, non si concentra solo su questi, ma abbiamo appena visto il grande ed eterogeneo gruppo di alimenti in grado di attivare SIRT1 e le altre sirtuine, i cibi Sirt. Combinando i cibi Sirt tra loro sarà possibile "sirtificare" la propria dieta, inserendo nel proprio organismo alimenti potenziativi e ricchi di nutrienti, non per ultimi i polifenoli SIRT1-attivanti!

L'obiettivo primario è sempre quello di consumare il più possibile i cibi Sirt.

Questo aiuterà, pian piano con il passare del tempo, ad avere SIRT1 sempre più messaggero al lavoro nel nucleo della cellula, impartendo messaggi al nostro DNA. Per avviare il meccanismo è consigliabile partire con due-tre settimane iniziali in cui è prevista una blanda restrizione calorica in grado di innescare tutto il processo.

Il processo della dieta Sirt comincia con quello che mi piace chiamare "l'innesco" della dieta, e si divide in due fasi.

La prima fase (Fase di Dimagrimento) prevede una blanda restrizione calorica, mentre la seconda fase (Fase di Mantenimento) serve per stabilizzare i risultati ottenuti nella prima fase.

Come potete osservare la fase di Dimagrimento dell'Innesco della dieta Sirt rappresenta, tramite la blanda restrizione calorica, un possibile punto critico. Attenzione, per "critico" non intendo dare un'accezione negativa di momento di estrema sofferenza e di sfida impossibile. L'inizio della dieta è affrontabile da chiunque, basta solo abbattere i muri dell'abitudine, uno dei maggiori ostacoli al cambiamento. Come diceva Einstein *"è più facile rompere un atomo che un'abitudine"* ecco che la forza di volontà rientra nelle virtù da cui attingere all'inizio della dieta, specialmente nella prima settimana.

Inoltre i cibi Sirt, specialmente nella forma dei succhi verdi (molto importanti per l'Innesco) rappresenteranno non solo una fonte di polifenoli per attivare SIRT1 e le altre sirtuine, ma anche un valido aiuto a tenere a bada il senso di fame. Inoltre, e questo è un punto fondamentale, la forza di volontà sarà fondamentale solo all'inizio della dieta Sirt e non, come le altre diete, sempre. Dopo la restrizione calorica, che dura una settimana (sette giorni, non sette mesi!), non dovrete più pensare alle calorie, ma solo a "sirtificare" la vostra dieta con i cibi Sirt nella seconda fase di mantenimento, acquisendo così una nuova abitudine a piccoli passi. È un po' come inserire le marce di un'automobile: la parte più difficile (specialmente per i neopatentati) è inserire la prima, poi è un gioco da ragazzi. Con l'Innesco ingranare la prima marcia diviene più facile e fa in modo di non avere una falsa partenza.

Per completezza di informazioni devo aggiungere che esiste in realtà anche una terza fase della dieta Sirt, ma quella la vedremo meglio tra poco.

PS: Alla fine del libro tra le Risorse Extra potrete trovare un suggerimento di piano alimentare di 14 giorni, utile per organizzare l'inizio della dieta Sirt e pianificare l'inizio di questa avventura.

Una ricostruzione allo stesso tempo mentale e fisica per un processo di cambiamento globale.

È importante ricordarsi che non si sta solo "perdendo peso", ma si sta avviando un processo globalizzante di trasformazione per il proprio organismo e per la propria identità, cioè il modo in cui si immagina e si percepisce sé stessi. Questo porterà ad una ricostruzione di sé, si crea quindi una nuova identità fisica che diventerà sempre più reale man mano che passa il tempo e si applica la Dieta Sirt.

Affinchè il percorso di cambiamento sia efficace e il risultato finale sia realmente duraturo, bisogna ricordarsi di questo passaggio mentale fondamentale.

Se si accetta il nuovo io che si sta costruendo e ci si identifica in questo, allora si vive con maggior serenità la trasformazione e si riuscirà a gestire meglio il cambiamento durante il cammino scelto. Si distruggono alcune delle vecchie abitudini e se ne costruiscono di nuove, e la "sirtificazione" della propria alimentazione diviene così completa.

Fase 1: Dimagrimento

La prima fase della dieta Sirt, chiamata Fase di Dimagrimento, dura una settimana e prevede una moderata restrizione calorica e tantissimo succo verde, uno strumento molto utile e alleato prezioso per chiunque segua la dieta Sirt, soprattutto agli inizi, e che vedremo nel dettaglio tra poco.

In questo momento si va a stimolare la perdita di peso (fino a 3 Kg circa) in sette giorni.

La prima fase è a sua volta suddivisa in due sotto-fasi e rappresenta la parte più impegnativa della dieta in quanto le calorie introdotte sono ridotte e quindi la fame potrà farsi sentire (ecco che qui verrà in aiuto il succo verde!).

Durante i primi tre giorni della fase di Dimagrimento, l'introito calorico è limitato a 1.000 calorie. Berrete il succo verde almeno tre volte al giorno ed è previsto solo un pasto giornaliero (in genere il pranzo), ovviamente bello carico di cibi Sirt e dei loro polifenoli. Un modo intelligente per spartire i tre succhi verdi è uno per colazione, uno per spuntino (metà mattina o metà pomeriggio) e uno per cena.

Nei rimanenti quattro giorni della prima fase le calorie giornaliere saranno alzate da 1.000 a 1.500, spartite tra due pasti solidi e due succhi verdi.

Come abbiamo già capito al termine di questa settimana la parte maggiormente impegnativa è terminata, e la strada sarà in discesa e potrete cominciare a godere dei piaceri di una dieta che non toglie ma aggiunge.

Come preparare il Succo verde

Il succo verde è un potente alleato per chiunque si approcci alla dieta Sirt. Esso è utilissimo nel velocizzare l'inizio degli effetti di SIRT1 che abbiamo visto avvenire nei vari compartimenti del nostro organismo. Questo grazie all'abbondanza di polifenoli che riusciamo ad ottenere da un singolo succo verde, nel quale inseriamo molti dei cibi Sirt che abbiamo visto prima. Grazie ai frutti Sirt e le verdure Sirt, riusciremo ad ottenere bevande rinfrescanti e, vi stupirete nel farle, veramente buone!

Il succo verde ha un ruolo fondamentale nella dieta Sirt ed è molto importante imparare a prepararlo nelle nostre giornate. Non siate spaventati, niente di difficile, il metodo è molto semplice. Avete solo bisogno di una centrifuga (o, eventualmente, di un frullatore) e di una semplicissima bilancia da cucina.

La ricetta è la seguente:

Ingredienti:

- 75 g di cavolo riccio;

- 30 g di rucola;

- 5 g (una manciata) di prezzemolo;

- 5 g (una manciata) di levistico (opzionale, se riuscite a trovarlo dal fruttivendolo);

- 2-3 gambi di sedano (foglie incluse);

- 1 pezzettino di zenzero;

- Mezza mela;

- Mezzo limone;

- Mezzo cucchiaino di tè verde Matcha in polvere.

Procedimento:

- Centrifugare insieme tutti gli ingredienti, tranne il tè verde in polvere e il limone, e versarli in un bicchiere.
- Spremere il succo di limone e aggiungerlo nel bicchiere.
- Aggiungere il tè verde in polvere e mescolare bene il tutto.

Il dissetante succo verde è ora pronto per essere gustato. Non è solo dissetante ma aiuta a ritrovare energie e ad aumentare il senso di sazietà, oltre ovviamente ad attivare SIRT1 nelle nostre cellule (avete visto quanti cibi Sirt tra i suoi ingredienti?!).

I succhi verdi non contengono solo i polifenoli, ma sono ricchissimi di altri micronutrienti, ad esempio moltissimi antiossidanti e minerali, come il calcio, il magnesio e il ferro, elementi che rafforzano le difese immunitarie.

Inoltre la presenza di abbondanti liquidi e fibre nei succhi verdi ci aiuteranno moltissimo nel mantenere a bada il senso di fame. Ecco il motivo per cui per fare il succo verde è meglio prediligere come strumento la centrifuga o il frullatore, piuttosto che un estrattore, in quanto in quest'ultimo molte delle preziose fibre vengono perse.

Il succo verde è infine molto utile per contribuire ad eliminare gli scarti metabolici e a detossificare naturalmente il corpo.

Una cosa da tenere in considerazione è che si possono inserire modifiche nella ricetta originale. Ad esempio, se non ci piace il pizzicore dato dallo zenzero, possiamo toglierlo dalla ricetta, possiamo sostituirlo ad esempio con delle foglie di menta, oppure se vogliamo rendere meno acido il succo verde possiamo omettere il succo di limone sostituendolo con quello di mezza arancia o di un altro agrume. Ecco che il risultato finale porterà ad una bevanda diversa, senza rischi di annoiarci della stessa bevanda.

Fase 2: Mantenimento

La seconda fase dell'Innesco della dieta Sirt è la fase di Mantenimento, nel quale si consolidano i risultati ottenuti nella fase di Dimagrimento.

La fase di Mantenimento dura da una a due settimane, nella quale non è più necessario contare le calorie. È possibile mangiare i canonici tre pasti principali, ovviamente composti a prevalenza di cibi Sirt.

Per quanto riguarda il succo verde, bevetelo almeno una volta al giorno (io mi trovo bene a berlo come spuntino a metà pomeriggio, altrimenti lo si può utilizzare in questa fase anche a metà mattina, oppure accompagnato alla colazione).

Fase 3: Dopo la dieta?

"... E finita la dieta che faccio? Finite le due fasi come mangio?"

Queste due domande sono sbagliate in partenza! La dieta Sirt non è una dieta che si esplica in poche settimane e poi si torna come prima. È un cambio di abitudini e di stile alimentare. Il "dopo la dieta" non c'è! Il "dopo la dieta" diventa parte integrante della dieta Sirt stessa, ovvero diventa la sua Terza Fase, in cui possiamo continuare a beneficiare dei cibi Sirt e delle loro proprietà. Anche il succo verde va consumato spesso, circa una volta al giorno (ricordiamoci che possiamo provare delle varianti della sua ricetta). Possiamo tornare a ripetere le prime due fasi della dieta Sirt quando e quante volte vogliamo, ma ricordiamo che la fase più importante è la terza fase, quella in cui ogni giorno non ci sentiamo più "in dieta" ma semplicemente ci siamo abituati a mangiare i cibi Sirt. Quando quest'ultimi sono entrati veramente nelle nostre abitudini alimentari ecco che avremo vinto, in una migliore forma fisica e con cibi utili alla nostra salute. Nella terza fase esiste tuttavia una maggiore elasticità. Se ad una cena con amici proprio non riuscite a mangiare abbondantemente cibi Sirt, pazienza, recupererete il giorno dopo. Questa non è una debolezza, ma un punto di elasticità che ci permette di godere dei piaceri di tutti i cibi con moderazione e allo stesso tempo poter continuare e *sirtificare* la nostra alimentazione tutta la vita senza sentirci ingabbiati da schemi e regole. In genere gli animali, uomo compreso, dalle gabbie ci vogliono uscire, non vogliono rimanerci! La terza fase della dieta Sirt dura tutta la vita.

Ecco che così la dieta Sirt diventa più un cambio di abitudini piuttosto che una dieta vera e propria!

Ricette

La relatrice della mia tesi di laurea, della quale ho un caro ricordo, disse una volta che *un bravo biologo dovrebbe essere anche un bravo cuoco.*

Non potrei non essere più d'accordo. Ho sempre considerato la cucina molto simile ad un laboratorio di ricerca (solo che in cucina gli esperimenti che facciamo sono molto più buoni da mangiare!).

Credo inoltre che un buon cuoco dovrebbe essere anche un buon scienziato. Uno dei segreti per eccellere in cucina è saper provare cose nuove e imparare dalle proprie esperienze, dai propri esperimenti e, perché no, dai propri errori! Ricordo che mia nonna, grande cuoca e dispensatrice di massime di saggezza popolare, diceva sempre che un vero cuoco sa improvvisare e inventarsi nuove varianti delle ricette. Avere uno spirito scientifico anche in cucina mentre prepariamo una ricetta può quindi migliorare le ricette successive, proprio come se queste fossero degli esperimenti di laboratorio.

Ecco il motivo per cui ho voluto prima partire dalla descrizione dei cibi Sirt e poi passare al "sodo" delle ricette vere e proprie, in quanto credo che più conosciamo i cibi che utilizziamo nelle nostre ricette e più possiamo utilizzarli al meglio.

Ora che abbiamo dato un'introduzione su ciascuno dei cibi Sirt, possiamo passare alla parte pratica: le ricette. Nelle prossime pagine ho voluto dare qualche spunto e qualche idea da sperimentare per sirtificare il più possibile i nostri piatti.

Ricordate che le quantità degli ingredienti indicati sono una sorta di punto di partenza dal quale cominciare. Poi ognuno di noi, in base alle proprie preferenze e ai propri gusti, potrà sperimentare, variare, testare (sbagliare anche e poi imparare), liberando a piede libero la propria creatività.

Inoltre, ho cercato il più possibile di inserire ricette che siano facili da fare e non che ogni volta sia più impegnativo delle dodici fatiche di Ercole. Cose semplici e veloci, applicabili per tutti è stata la priorità nella selezione di queste ricette!

Quella che trovate è quindi una breve lista delle mie ricette preferite contenenti i cibi sirt presentati in questo libro. Ce ne sono anche altre ma queste sono quelle che faccio più frequentemente (proprio perché sono facili).

Ecco quindi nelle prossime pagine le "Ricette Sirt" con la migliore combinazione di facilità di esecuzione / gusto / apporto di cibi Sirt.

Ricette dolci

Bowl di yogurt greco con fragole e noci

Ricetta per una persona che richiede appena 5 minuti per essere preparata.

Ingredienti:

- 170 g yogurt bianco;
- 40 g fiocchi di grano saraceno;
- 5-6 fragole (il numero dipenderà anche da quanto grandi sono), tagliate a pezzetti;
- 3 noci (circa 15 g), rotte a pezzettini;
- 1-2 quadrati di cioccolato fondente (min. 70%, *opzionale*);
- 1 cucchiaino di miele (*opzionale*).

Procedimento:

- Mettere lo yogurt Greco nella scodella.
- Aggiungere i fiocchi di grano saraceno e mescolare.
- Aggiungere le noci e le fragole a pezzi e mescolare.
- Decorare con miele e/o con dei quadretti di cioccolato fondente a pezzetti per rendere irresistibile la ricetta!
- Goditi la tua sirt-bowl a colazione o come spuntino con una tazza di caffè o di tè verde Matcha.

Sirt-Pancakes

La versione "sirtificata" dei classici pancakes!

Ingredienti (4 porzioni):

- 100 g ribes nero, lavato e privato degli steli;
- 2+2 cucchiai di zucchero di canna;
- 3 cucchiai di acqua;
- 200 g farina di avena;
- 1 cucchiaino di lievito istantaneo o di bicarbonato;
- 1 pizzico di sale;
- 2 mele, meglio se con la buccia, private del torsolo e tagliate a pezzetti;
- 300 ml di latte;

- 2 albumi d'uovo (alternativamente si può optare per 2 uova intere, tuorli compresi: i pancakes saranno più sostanziosi);
- 2 cucchiaini di olio EVO.

Procedimento (per la *coulis*, la salsa):

- Aggiungere il ribes nero, lo zucchero (2 cucchiai) e l'acqua in una piccola padella. Cuocere a fuoco lento per 10-15 minuti.

Procedimento (per i pancakes):

- Mescolare bene la farina di avena con lo zucchero di canna (2 cucchiai), un pizzico di sale e il lievito istantaneo in una scodella capiente.
- Incorporare la mela e aggiungere il latte un poco alla volta, sempre mescolando, fino ad ottenere un composto omogeneo.
- Montare gli albumi a neve e poi incorporarli nella pastella per pancake. Qualora si opti per le uova intere aggiungerle direttamente sbattute in una seconda scodella: i pancakes ottenuti in questa variante saranno un po' meno morbidi e un po' più sostanziosi.
- Scaldare mezzo cucchiaino di olio in una padella antiaderente a fuoco medio-alto e versarvi circa un quarto della pastella.
- Cuocere su entrambi i lati fino a doratura, quindi rimuovere. Trucchetto: girare la prima volta il pancake quando comincia a fare un po' di bollicine per l'azione del lievito istantaneo (o del bicarbonato).
- Servire i pancakes guarniti con la *coulis* di ribes nero.

Smoothie di tè Matcha

Rinfrescante! Saziante! Delizioso! Salutare! Attivatore di SIRT1!

Cos'altro ci serve?!

Questa ricetta è una scelta eccellente per colazione o come spuntino di metà mattina o metà pomeriggio!

Ingredienti:

- 2 banane mature;
- 250 ml latte;
- 2 cucchiaini di polvere di tè verde Matcha;
- ½ cucchiaino di pasta di baccello di vaniglia;
- 6 cubetti di ghiaccio;
- 2 cucchiaini di miele.

Procedimento:

- Frulla semplicemente tutti gli ingredienti insieme in un frullatore e lo smoothie è pronto da gustare

Cestini di frutti di bosco

Un modo semplice per creare velocemente dei dessert super-buoni e salutari con i quali stupire i vostri amici! Le quantità degli ingredienti sono sufficienti per 4 persone.

Tempo di preparazione: 10-15 minuti.

Tempo di cottura: 15 minuti.

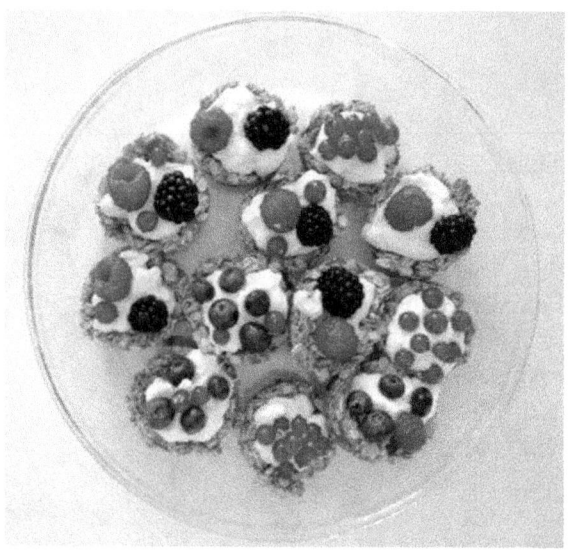

Ingredienti:

- 110 g fiocchi di avena;
- 100 g datteri Medjoul, snocciolati;
- 60 g miele;

- 180 g yogurt greco magro;
- Frutti rossi, q.b.;
- 1 cucchiaio di olio extra vergine di oliva;
- Un pizzico di cannella (*opzionale*).

Procedimento:

- ➢ Versare i datteri snocciolati in un mixer e frullateli fino ad ottenere una crema.
- ➢ Aggiungere il miele e, se piace, anche il pizzico di cannella.
- ➢ Mescolare bene il tutto e non appena il preparato sarà uniforme aggiungere i fiocchi d'avena.
- ➢ Amalgamare con un cucchiaio.
- ➢ Ungere una teglia per muffin con olio EVO per creare un sottile strato antiaderente.
- ➢ Trasferire un cucchiaio del composto di farina d'avena negli stampini della teglia per muffin e, usando il dorso del cucchiaio, creare dei cestini formando una cavità al centro.
- ➢ Cuocere in forno statico preriscaldato a 170°C per 15 minuti. Quindi estrarre i cestini e lasciarli raffreddare
- ➢ Una volta raffreddati riempire i cestini con yogurt greco e decorare con frutti di bosco.

Datteri ripieni

Ricetta super veloce ma super deliziosa e in grado di ricaricare le energie, perfetta dopo un allenamento o una bella corsa.

Tempo di preparazione: solo 5 minuti!

Ingredienti:

- 100 g datteri Medjoul, snocciolati;
- 4-5 noci (circa 20 g);
- Yogurt Greco magro (q.b.) (*opzionale*).

Procedimento:

- Tagliare i datteri in due pezzi e rimuovere il nocciolo.
- Se desiderato, aggiungere un cucchiaino di yogurt greco all'interno.
- Inserire mezzo gheriglio di noce tra le due parti di dattero.
- Datteri Medjoul ripieni pronti da gustare!

Gelatina di fragole e lamponi

Fresca ricetta da preparare la sera in modo che sia pronta il giorno dopo per colazione.

Ingredienti:

- 50-100 g lamponi;
- 2 fogli di gelatina (colla di pesce);
- 100 g fragole;
- 2 cucchiai di zucchero;
- 300 ml acqua;
- Foglie di menta piperita q.b. (*opzionale*).

Procedimento:

- Mettere i fogli di gelatina in una ciotola di acqua fredda ad ammorbidire.
- Mettere le fragole tagliate a pezzi in un pentolino con lo zucchero e 100 ml di acqua e portare a ebollizione. Cuocere a fuoco lento per 5 minuti e poi togliere dal fuoco. Lasciare riposare per 2 minuti.
- Spremere l'acqua in eccesso dai fogli di gelatina e aggiungerli al pentolino con le fragole. Mescolare fino a completa dissoluzione dei fogli di gelatina, quindi aggiungere i rimanenti 200 ml d'acqua.
- Disporre i lamponi in due piatti / bicchieri / stampi da portata.
- Versare il liquido del pentolino nei bicchieri con i lamponi e riporli in frigorifero a raffreddare.
- Le gelatine diventano pronte in circa 3-4 ore.
- Se lo si desidera, decorare le gelatine con foglie di menta per dare un sapore più intenso alla ricetta.

Mele dolci a cubetti

Quantità indicate per due persone.

Tempo di preparazione: 15 minuti circa

Ingredienti:

- 2 mele rosse;
- Polvere di cacao q.b.;
- 6 datteri Medjoul, snocciolati;
- 1 cucchiaio zucchero di canna;
- Un pizzico di cannella (*opzionale*).

Procedimento:

- Lavare le mele e tagliarle a cubetti, mantenendo la buccia.
- Mettere i cubetti di mela con lo zucchero di canna in una padella antiaderente e scaldare per qualche minuto finché i cubetti di mela non si ammorbidiscono.
- Versare in due ciotole aggiungendo piccoli pezzi di datteri, cacao in polvere e cannella in polvere, secondo il proprio gusto.

Macedonia Sirt

Una ricetta facile e fresca. Dà il suo meglio in l'estate!

Ingredienti:

- ½ tazza di tè verde Matcha raffreddato;
- 1 cucchiaino di miele;
- ½ arancia;
- 1 mela, pulita del torsolo e tritata grossolanamente;
- 10-20 acini di uva nera (se lo si desidera, tagliarli a metà e privarli dei semi);
- 10 mirtilli;
- 10 fragole.

Procedimento:

- Mescolare il miele dentro mezza tazza di tè verde Matcha fino a completa dissoluzione.
- Aggiungere il succo di mezza arancia.
- Tritare in pezzi i frutti e aggiungerli sopra il tè raffreddato.
- Lasciar riposare per qualche minuto.

Ricette Salate

Pesto di rucola

Sebbene il procedimento sia molto simile, il pesto di rucola ha un sapore piuttosto diverso dal classico pesto alla genovese, più forte e leggermente amarognolo. Chi, come me, ama il retrogusto amarognolo nei cibi, impazzirà per il pesto di rucola. Per chi invece vuole ammorbidirlo può modificare la quantità degli ingredienti modificando il sapore risultante. È possibile anche unire basilico e rucola e creare un pesto "mezzo e mezzo".

Ingredienti:

- 100 g di rucola;
- 30 g di pinoli (alternativamente anche le mandorle si sposano bene con il pesto di rucola);
- 1 spicchietto d'aglio (*opzionale, ma io non me lo faccio mai mancare!*);
- 80 g pecorino (o parmigiano in alternativa);
- 100 ml olio extra vergine di oliva.

Procedimento:

- Lavare la rucola e asciugarla bene.
- Aggiungere la rucola, i pinoli (o le mandorle), il pecorino grattugiato, lo spicchio d'aglio (privato della pelle esterna) e 50 ml di olio extra vergine di oliva in frullatore. Frullare a bassa velocità e poi aggiungere l'olio rimanente fino ad ottenere una crema.
- Il pesto ottenuto è ottimo come accompagnamento per moltissimi piatti, ad esempio come condimento per la pasta, su fette di carne alla griglia o semplicemente come spuntino nel pane abbrustolito.

Insalata di pasta di grano saraceno

Quantità per una persona.

Ingredienti:

- 80 g pasta di grano saraceno;
- 1 manciata abbondante di rucola;
- 1 piccola manciata di foglie di basilico;
- 8 pomodori ciliegini, tagliati a metà;
- ½ avocado, tagliato a dadini;
- 10 olive;
- 1 cucchiaio di olio extra vergine di oliva;
- 2-3 noci triturate (*opzionale*).

Procedimento:

- Cuocere la pasta di grano saraceno secondo le istruzioni della confezione.
- Condirla aggiungendo tutti gli ingredienti tranne le noci tritate e disporre su un piatto.
- Spargere sopra le noci tritate.

Soba piccanti

Quantità per due persone.

Tempo di preparazione: 20 minuti

Ingredienti:

- 160 g noodles soba (o di spaghetti);
- ½ cipolla rossa;
- 1 peperoncino;
- 1 peperone;
- 1 pizzico di curcuma;
- 1 manciata di prezzemolo (in alternativa si può utilizzare il levistico);
- 2 cucchiai di olio EVO;
- Germogli di soia, q.b.

Procedimento:

- Tritare la cipolla e il peperoncino e saltarli in una padella antiaderente con olio extravergine di oliva.

- Tagliare il peperone a cubetti e aggiungerlo nella padella insieme ai germogli di fagioli di soia. Cuocere per 10 minuti mescolando di tanto in tanto e, se necessario, aggiungere un goccio d'acqua per non bruciare le verdure.

- Nel frattempo cuocere la soba in una pentola di acqua bollente seguendo le indicazioni sulla confezione;

- Aggiungere la soba nella padella e far rosolare a fuoco vivo per 1-2 minuti per insaporire. A fuoco spento, aggiungere la curcuma e il prezzemolo (o levistico) tritato.

LO SAPEVI COME la capsaicina ci fa sentire il "piccante" in bocca?

Mangiando dei peperoncini piccanti sentiamo fuoco e fiamme in bocca, tuttavia, l'abitudine a mangiare cibi piccanti ci rende più resistenti al loro effetto. In ogni caso, la temperatura della bocca non sta cambiando, nonostante noi la sentiamo "bruciare". Quello che sentiamo è l'attività della capsaicina, una molecola abbondante nei peperoncini piccanti in grado di iper-attivare i recettori della temperatura presenti nella bocca. Questi recettori, ingannati dalla capsaicina, segnalano al cervello un aumento della temperatura in bocca anche se non è vero.

In risposta a questo segnale il corpo produce adrenalina, la quale dà uno stimolo di energia al nostro corpo, attivando il metabolismo dei grassi, stimolando la termogenesi e sostenendo il metabolismo basale.

In virtù di queste azioni, la capsaicina contenuta nei peperoncini aiuta a perdere peso e ha proprietà anti-obesità (*Zheng et al., Biosci Rep, 2017*).

Manzo in salsa di vino rosso

Ingredienti:

- Mezza cipolla rossa;
- 1 carota;
- 1 cucchiaio di olio extra vergine di oliva;
- 500 g filetto di manzo;
- 150-300 ml di vino rosso (variare le quantità a seconda delle preferenze);
- ½-1 peperoncino triturato (variare le quantità a seconda delle preferenze);
- Una manciata di prezzemolo, finemente triturato;
- 1 lattina di salsa di pomodoro da 400 g;
- 1 cucchiaino di maizena.

Procedimento:

- Preparare in un tegame un soffritto in olio con cipolla rossa e carota tritate finemente.
- Una volta dorata la cipolla del soffritto, rosolare la carne a fuoco medio, girandola ad ambo i lati.
- Aggiungere il vino rosso e scaldare fino a quando il volume del vino si è ridotto alla sua metà e non è diventato uno sciroppo con aroma concentrato.
- Aggiungere prezzemolo, peperoncino e passata di pomodoro.
- Mettere il coperchio sulla pentola e cucinare a fuoco lento per mezz'ora.
- Aggiungere la maizena per addensare la salsa, aggiungendola poco alla volta fino ad ottenere la consistenza desiderata.
- Servire il manzo in salsa. Si può bere un bicchiere di vino rosso durante il pasto, poiché l'alcol del vino rosso utilizzato per preparare la salsa è evaporato.

Riso con tofu, edamame e cavolo riccio

Questa ricetta unisce i sapori del cavolo riccio e prodotti a base di soia in modo molto equilibrato.

Quantità per 4 persone.

Ingredienti:

- 1 cucchiaio di olio EVO;
- 1 cipolla rossa intera triturata;
- 1-2 spicchi d'aglio, pelati e grattugiati;
- 1 peperoncino, affettato finemente (*opzionale*);
- 250 g di riso;

- 1 cucchiaino di sale (*opzionale*);
- 50 g fagioli di soia edamame;
- 200 g tofu, tagliato a cubetti;
- 200 g foglie di cavolo riccio;
- 1 avocado, tagliato a cubetti o a fettine.

Procedimento:

➢ Cuocere per 5 minuti a fuoco vivace la cipolla rossa tritata con olio in una padella antiaderente;

➢ Aggiungere l'aglio e il peperoncino e cuocere per altri 2-3 minuti.

➢ Aggiungere i fagioli di soia edamame e il tofu e cuocere per altri 5 minuti. Aggiungere le foglie di cavolo e cuocere fino a quando il cavolo è appena tenero.

➢ Lessare separatamente il riso nell'acqua bollente secondo le istruzioni della confezione.

➢ Aggiungere il riso lessato agli altri ingredienti.

➢ Servire con l'avocado a dadini.

Straccetti di pollo al vino rosso

Quantità degli ingredienti per 4 persone.

Tempo di preparazione: 40-45 minuti.

Ingredienti:

- ½ Kg di petto di pollo;
- 2 bicchieri di vino rosso;
- 1 cipolla rossa;
- Mezza costa di sedano;
- 1 peperone rosso e 1 peperone verde;
- Olio extra vergine di olive, q.b.;
- 1 cucchiaio di salsa di soia;
- Grano saraceno integrale o riso (*opzionale*).

Procedimento:

- Tagliare il petto di pollo a straccetti e metterli in una ciotola
- Aggiungere il vino rosso, il peperoncino tritato e il prezzemolo, mescolare e lasciare marinare per almeno 30 minuti.

- Nel frattempo tritare la cipolla e il sedano e scaldarli in una padella antiaderente con qualche goccia di olio extravergine di oliva. Aggiungere i due peperoni tagliati a cubetti e cuocere per almeno 10 minuti.
- Aggiungere il pollo nella padella insieme al liquido di marinatura, e cuocere per circa 15-20 minuti.
- Aggiungere salsa di soia a piacere per dare sapore.
- Se si è affamati, servire con riso o grano saraceno bollito.

CONOSCI TUTTI i colori dei peperoni?

C'è tutto un arcobaleno di colori nei peperoni. Non solo i più comuni giallo verde e rosso, ma anche rosa, viola, marrone e arancione. I peperoni verdi non sono altro che le versioni "immature" dei peperoni gialli e rossi. Se questi fossero lasciati a maturare nella pianta, il loro colore causato dalla clorofilla che è una molecola di colore verde, verrebbe sormontato dalla produzione dei carotenoidi, che avviene durante la maturazione. Queste sono molecole dal colore più acceso e brillante, come ad esempio la luteina e il beta-carotene.

Come potete facilmente immaginare, essendo a maturazione non ultimata, il peperone verde è più amaro e ha note aromatiche più fresche ed "erbacee". I peperoni gialli e rossi, completamente maturati al sole, hanno invece un aroma più fruttato e dolce.

Insalatona Sirt

Una delle migliori applicazioni dei cibi Sirt sono le insalatone. In effetti, l'insalatona Sirt non è una vera ricetta, in quanto è semplicemente una miscela di diversi cibi Sirt (principalmente verdure, ma non solo) che possiamo mescolare insieme a seconda dei nostri gusti, della nostra fantasia e anche del nostro frigorifero! L'unione di questi alimenti non è solo un "panzer" di polifenoli, ma anche una sinergia di sapori (qualsiasi combinazione sperimenteremo sarà sempre nuova e gustosa!). Pertanto, in questa ricetta non inserisco volutamente la quantità di ingredienti per non limitare la nostra fantasia. È sufficiente sperimentare e testare i propri gusti.

Ingredienti per la base:

- Radicchio rosso;
- Rucola;
- Sedano.

Ingrediente per le aggiunte a piacere:

- Capperi;
- Germogli di soia;
- Cipolla rossa;
- Noci;

- Mela tagliata a cubetti;
- Prezzemolo;
- Levistico.

Ingredienti per il condimento:

- Olio extra vergine di oliva;
- Sale (*opzionale*);
- Spezie a scelta (pepe nero, curcuma, pepperoncino, ...);
- Aceto (del tipo che preferite, *opzionale*).

Procedimento:

➢ Tagliare gli ingredienti a pezzi della dimensione preferita.

➢ Mettere tutti gli ingredienti insieme in una ciotola.

➢ Condire a seconda della preferenza, senza però dimenticare l'olio EVO!

LO SAPEVI CHE la credenza che le verdure siano da utilizzare solo come contorno è assolutamente sbagliata?

Le verdure devono, in termini di volume, essere il cibo più abbondante nella nostra dieta. I nostri pasti dovrebbero essere approssimativamente composti da almeno 50% verdure, 25% di cereali integrali o tuberi e 25% di proteine nobili (ad esempio carne, pesce, uova).

Le verdure (e ancor di più le verdure Sirt) sono una assicurazione per la salute e la longevità.

Petto di pollo aromatico

Ingredienti:

- Mezzo petto di pollo disossato;
- Succo di mezzo limone;
- 1 cucchiaio di olio EVO;
- 50 g cavolo riccio, tagliato a pezzi;
- 30-50 g cipolla rossa, finemente tritata;
- 1 cucchiaino di zenzero tritato fresco (*opzionale*);
- 1 pizzico di curcuma;
- 1 cetriolo a cubetti (*opzionale*).

Procedimento:

- Lasciare marinare il petto di pollo 5-10 minuti con 1 cucchiaino di curcuma, il succo di limone e un filo d'olio.
- Nel frattempo scaldare la cipolla rossa e lo zenzero in un filo d'olio in una padella antiaderente, fino a renderli morbidi.
- Aggiungere il pollo marinato e cuocere su ciascun lato, fino a quando non diventa dorato.
- Cuocere separatamente il cavolo nero in una vaporiera per 5 minuti.
- Quindi aggiungere il cavolo cotto e cuocere per un altro minuto.
- Servire insieme ad un cetriolo tritato per dare freschezza.

Chips di cavolo riccio

Tempo di preparazione: 10 minuti.

Tempo di cottura: 5-10 minuti.

Questa ricetta è molto semplice e molto popolare in questi giorni.

I vostri figli vogliono mangiare delle deliziose chips?

E se quello che vi sto proponendo ora è contemporaneamente sano e gustoso e croccante?

Bene, ecco a voi le chips di cavolo riccio!

Ingredienti:

- 400 g cavolo riccio;
- 50 g di semi di chia

- 1 peperoncino;
- Sale q.b.;
- 5 cucchiai di olio EVO.

Procedimento:

➢ Tagliare e lavare le foglie di cavolo riccio e asciugarle con della carta assorbente o uno strofinaccio.

➢ Posizionare della carta da forno su di una teglia e poi posizionarci sopra le foglie (potete tagliare via il gambo centrale, ma personalmente lo terrei perché la trovo la parte più croccante!).

➢ Accendere il forno con modalità ventilato a 180° C.

➢ Preparare l'Olio Aromatizzato (2 alternative): Tagliuzzare finemente il peperoncino e unirlo all'olio extra vergine di oliva insieme ai semi di chia. In alternativa al peperoncino è possibile fare un mix con il succo di limone, sempre insieme ai semi di chia. Sarà un composto molto liquido.

➢ Spennellare le foglie di cavolo riccio con l'olio aromatizzato (da ambo i lati) e inserire la teglia nel forno. In circa 5-10 minuti, a seconda del forno, le vostre "patatine" croccanti saranno pronte!

➢ Posizionate le foglie in un piatto o nella carta assorbente a forma di sacchetto, ora potete godervi le vostre *kale chips*!

Uova Strapazzate con Rucola e Salmone

("Bandiera del Mali")

Questa è una ricetta molto completa e facile da fare. Chiamo simpaticamente questa ricetta "Bandiera del Mali" perché con i colori dei cibi (verde della rucola, giallo delle uova strapazzate e rosso del salmone) possiamo "dipingere nel piatto" i colori della bandiera dello stato africano del Mali!

In questa ricetta non aggiungo sale nella preparazione delle uova strapazzate in quanto c'è già una presenza di sapori forti che si intrecciano: l'amaro della rucola e l'affumicato salato del salmone.

Ingredienti:

- 2 uova medie;
- 100 g salmone affumicato a fettine;
- Una grossa manciata di rucola;
- 1 cucchiaino di prezzemolo tritato (*opzionale*);
- 1 cucchiaio di olio EVO;
- 1 cucchiaino di semi di chia (*opzionale*).

Procedimento:

- Rompere le uova in una scodella e sbatterle bene.
- Cuocere le uova strapazzate in una padella.
- Servire le uova strapazzate con rucola fresca condita con un filo d'olio EVO e con salmone affumicato.
- Decorare con i semi di chia.

Tofu saltato con peperoni

Quantità degli ingredienti per 4 persone.

Tempo di preparazione: 15 minuti.

Tempo di cottura: 20 minuti.

Ingredienti:

- 300 g tofu;
- 1 peperone giallo o rosso;
- Mezza cipolla rossa;
- 1 peperoncino;

- Salsa di soia, q.b.;

- Germogli di soia;

- 2 cucchiai olio EVO;

- Una manciata di prezzemolo (*opzionale*).

Procedimento:

> Lavare e tritare la cipolla rossa, farla scaldare in una padella antiaderente con 2 cucchiai di olio extravergine di oliva e peperoncino tritato.

> Aggiungere il peperone tagliato a dadini e cuocere per 10 minuti.

> Nel frattempo tagliare il tofu a cubetti e aggiungerlo nella padella. Cuocerlo per circa 5 minuti.

> Infine aggiungere i germogli di soia e la salsa di soia e lasciate insaporire per qualche minuto.

> Servire cospargendo il tutto di prezzemolo tritato.

LO SAPEVI che i peperoni sono una fonte eccezionale di vitamina C?

Siamo abituati ad associare alla vitamina C gli agrumi come i limoni e le arance. Tuttavia, secondo le analisi del Dipartimento dell'Agricoltura degli Stati Uniti d'America (USDA), le arance contengono circa 59 mg di vitamina C per 100 g (buccia esclusa), mentre il limone ne contiene 53 mg (sempre buccia esclusa). Se mangiate un limone lo sentite molto più acido della arancia perché contiene un quantitativo più elevato di acidi, principalmente acido citrico.

E i peperoni? I peperoni contengono ben 191 mg di vitamina C su 100 g di alimento!

Zuppa Sirt

Questa ricetta è la versione *sirtificata* della "Ribollita", il piatto tipico a base di zuppa di fagioli e verdure che viene tradizionalmente preparato in alcune zone della Toscana. È un piatto tipico "povero" di origine contadina. Tuttavia è pieno di cibi sani. Ultimo ma non meno importante, è anche delizioso!

Tempo di cottura: 45-60 minuti.

Ingredienti:

- 1 cucchiaio di olio extra vergine di oliva;
- 50 g cipolla rossa, finemente tritata;
- 1-2 carote tritate;
- 50 g sedano tritato;

- 1 spicchio di sedano, finemente tritato;
- 1 peperoncino tritato;
- 400 g polpa di pomodoro (fresco o in scatola);
- 200 g fagioli misti (secchi e rinvenuti per qualche ora in acqua oppure in scatola);
- 50 g di cavolo riccio, tritato grossolanamente;
- 1 manciata di prezzemolo tritato grossolanamente.

Procedimento:

- Versare l'olio in una casseruola a fuoco medio-basso e soffriggere la cipolla, la carota, il sedano, l'aglio e il peperoncino, fino a quando la cipolla non sarà dorata.
- Aggiungere la polpa di pomodoro e scaldare fino a ebollizione.
- Aggiungere i fagioli e cuocere a fuoco lento per 30 minuti.
- Aggiungere il cavolo riccio, coprire e cuocere per altri 5-10 minuti, finché non diventa morbido.
- Allungare con acqua calda se la zuppa risulta troppo asciutta.
- Aggiungere il prezzemolo.
- Zuppa pronta!

Risotto di Fragole

Questa ricetta la devo senza dubbio a mia madre che seppur non avendo, come lei dice, "la cucina tra le sue priorità", è la star dei risotti.

È un piatto che le viene naturale e non sono sicuro di aver capito ancora tutti i segreti del suo risotto perfetto, anche perché quando mi avvicino mentre lo prepara mi manda bonariamente via, più per essere lasciata cucinare in pace che per mantenere chissà quale segreto.

Questa è una ricetta nata a fine anni '90 - inizi anni 2000 quando, un po' per curiosità, un po' per chissà quale fonte di ispirazione, mia madre cominciò a sperimentare i suoi primi risotti alla frutta. Forse alcuni di voi non si stupiscono più ora pensando ad un risotto alla frutta. Ma vi posso assicurare che più di vent'anni fa l'idea era rivoluzionaria. Tra le varie prove, più o meno fortunate, secondo me i migliori risultati si ottengono con le fragole.

Ecco, di seguito, la ricetta. Come potrete leggere, non è niente di sconvolgente dal punto di vista esecutivo ma il punto di forza di questa ricetta è "osare" (con successo) inserire le fragole tra gli ingredienti di un risotto. E che risotto!

Ingredienti:

- 250 g di Riso per risotti (consiglio la varietà a chicco lungo Carnaroli);
- Brodo vegetale;
- Olio EVO q.b.;
- Una vaschetta colma di fragole (quantità che può variare in base alle proporzioni e a quanto vorrete "fragolizzare" il risotto).

Procedimento:

- Cominciare tagliando le fragole in piccoli pezzetti e metterle da parte.
- Scaldare la pentola dove cucineremo il risotto con un filo di olio EVO.
- Dopo qualche secondo aggiungere il riso e mescolare con un cucchiaio di legno per "tostare" il riso.
- Quando il riso prende una colorazione dorata, aggiungere pian piano il brodo vegetale precedentemente preparato.
- Dopo circa 5 minuti di cottura aggiungere una manciata di fragole a pezzi e un po' di brodo.
- Continuare a mescolare e, ogni tanto, aggiungere una manciata di fragole.

- ➢ Quando il risotto comincia a prendere una colorazione rosa/viola aggiungete l'ultima manciata. Tenere da parte alcune delle fragole, utili come guarnizione finale.
- ➢ Una volta che il risotto sarà pronto, servirlo aggiungendo al piatto qualche pezzetto di fragole come decorazione.

Un cambio di stile di vita per una vita piena

La dieta Sirt è probabilmente l'unica dieta al mondo a incoraggiare il consumo di cioccolato fondente e vino rosso. Detto così pare troppo bello per essere vero, eppure è proprio così!

Grazie al consumo di cibi Sirt, questa dieta ha come obiettivo quello di migliorare il nostro modo di nutrirci. La dieta Sirt vuole infatti stimolare un cambio di stile di vita alimentare per fare il cambio definitivo tra il "mangiare per riempirci la pancia" e il "mangiare per nutrirci", ossia per dare i giusti nutrienti per far funzionare al massimo della sua efficienza il nostro corpo e per ottimizzare la forma fisica.

È proprio questo il cambio di paradigma che fa la differenza nella qualità della nostra vita.

Non è solo una questione di perdere peso o di ridurre il girovita! Piuttosto, è prima di tutto una questione di mangiare in maniera sana e consapevole per una vita piena. Non si può mangiare in maniera sana senza mangiare in maniera consapevole, perché solo con la consapevolezza di ciò che mangiamo e che nutrienti contengono (o non contengono) i cibi che introduciamo nel nostro corpo riusciremo a trarre tutti i vantaggi di un'alimentazione equilibrata che pongono le basi per una vita piena e soddisfacente.

Forse all'inizio della dieta a base di cibi Sirt (ma non solo, ricordatevi che la dieta non elimina gli altri cibi!) sentirete un po' la mancanza di patatine strafritte, hamburger del fast foods, bevande zuccherate, dolci, dolcetti e tutto il cibo spazzatura così ben formulato con la sua composizione di zucchero, sale ed aromi artificiali in grado di dare quella combinazione irresistibile di gusto in grado di indurre una dipendenza.

Tuttavia, con il passare dei giorni, mangiando sempre più i salutari cibi Sirt, comincerete a risentire l'energia scorrere nelle vostre giornate. Arriverete ad un punto in cui cucinare e mangiare le ricette a base di cibi Sirt vi darà molta più soddisfazione e piacere al palato che riempirvi di patatine e ciambelle, e non avrete più il desiderio di mangiare il cosiddetto junk food. Ecco che il nuovo stile di vita alimentare per una vita piena sarà raggiunto.

Abbiamo visto che tra i cibi "eletti" Sirt c'è molta frutta e molta verdura tra cui le mele, fragole e frutti rossi, cavolo riccio, sedano, cipolla rossa, radicchio rosso, peperoni ma anche capperi, olio d'oliva extra vergine e bevande come il caffè e il tè verde Matcha.

Per i più sospettosi, sappiate che i popoli delle regioni del mondo in cui questi cibi sono maggiormente consumati sono quei popoli che godono di maggiore salute e longevità.

Una puntualizzazione: *sirtificare* la propria dieta con i cibi Sirt non significa eliminare altri cibi salutari. Abbiamo parlato ad esempio delle fonti di proteine nobili, importanti e che devono rimanere con una certa frequenza settimanale, ad esempio carne pesce e uova. Non a caso ho voluto inserire più di qualche ricetta che contenessero anche questi alimenti oltre ai cibi Sirt.

Inoltre, conoscere le qualità dei cibi Sirt non significa scegliere solo e sempre loro. Ad esempio, per fare un nome a caso, i pomodori non rientrano nel gruppone dei cibi Sirt.

Cosa significa?

Che dobbiamo abolire i pomodori dalla nostra dieta e mangiare solo sedano e cavolo riccio?

Ovviamente no, anche i pomodori hanno la loro importanza come verdure (in realtà dal punto di vista botanico sono dei frutti) ricchi di proprietà benefiche per la salute.

Ad esempio: il consumo di pomodoro è stato associato ad un minore rischio di incidenza di cancro alla prostata grazie alla sua ricchezza di carotenoide licopene (*Cohen, Exp Biol Med, 2002*), oltre ad avere proprietà antiossidanti e di difesa della pelle nei confronti dei raggi solari e altri tipi di stress ambientali.

Che significato assume, quindi, il fatto che il pomodoro non appartiene al gruppo dei cibi Sirt? Semplicemente che i nutrienti in esso contenuti non hanno particolare efficacia (sulla base delle attuali conoscenze scientifiche) nell'attivare SIRT1 e le altre sirtuine. È un cibo molto salutare, ma tra le sue proprietà non ci sono quelle utili per gli scopi della dieta Sirt.

Quindi il corretto modo di "intepretare" il grupppone dei cibi Sirt è quello di prediligere in maniera preferenziale, ma non in maniera esclusiva, questi cibi per poter sfruttare le loro proprietà SIRT1-attivanti e perdere peso senza digiunare e mangiando buon cibo.

Vitamina B3: strumento fondamentale per SIRT1

Ho fatto del mio meglio per non riempire questo libro di termini tecnici e "scientifichesi" se non strettamente necessari, così da renderne il contenuto accessibile ai più.

In questo capitolo, tuttavia, devo andare un pochino più nel dettaglio nel linguaggio tecnico della biochimica per poter raccontarvi del perché una specifica vitamina, la vitamina B3, è così importante per SIRT1, motivo per cui è importante assicurarsene in buone quantità.

Bene, proviamo a ricordarci cosa SIRT1 esattamente è, ovvero un enzima. Enzimi ce ne sono migliaia e migliaia nel nostro corpo, e ognuno di essi è classificato in base al tipo di ruolo e di azione che svolge. Ad esempio un lavoratore è un falegname se lavora il legno e sa maneggiare l'accetta e la sega, un muratore invece è un lavoratore che maneggia malta e mattoni e sa usare la cazzuola e via dicendo. Anche gli enzimi sono classificati in base al tipo di lavoro che fanno. La classificazione denomina SIRT1 (e anche tutte le altre sirtuine) più precisamente un enzima "deacetilasi NAD-dipendente". Questi paroloni significano che la sua specifica funzione è rimuovere una sorta di bandierina (in inglese "tag") da altre proteine. Questa bandierina nello specifico è un gruppo "acetile", da cui deriva il nome deacetilasi, ma questo non ha troppa importanza per i nostri fini. Quello che è importante è che questa capacità di togliere bandierine ad altre proteine è il modo molecolare con cui SIRT1 comunica il suo messaggio al nostro DNA una volta attivato dalla restrizione calorica (o dai cibi Sirt).

Il secondo termine nella classificazione di SIRT1 è "NAD-dipendente". Ciò significa che SIRT1 è un enzima che per funzionare ha bisogno di questo cosiddetto NAD.

E chi è questo NAD?

Ebbene, NAD (acronimo di Nicotinamide Adenina Dinucleotide) è un cofattore (o coenzima) di ruolo centrale per il nostro metabolismo, non solo per l'attività di SIRT1.

Il NAD è presente in tutte le cellule del nostro corpo e aiuta l'attività di moltissimi enzimi (tra cui appunto le sirtuine) e partecipa al metabolismo dei carboidrati e dei grassi.

Per capire meglio la sua importanza, facciamo un esempio: pensiamo a SIRT1 come se fosse un pescatore. Per fare bene il suo lavoro il pescatore deve avere la sua canna da pesca.

Ovviamente la canna da pesca è completamente inutile da sola. Tuttavia, l'attività del pescatore è enormemente aumentata e resa più efficiente se quest'ultimo pesca con la sua canna da pesca, piuttosto che a mani nude!

Ecco quindi che SIRT1 è il pescatore che fa il lavoro, mentre NAD è la canna da pesca, ovvero uno strumento fondamentale (cofattore) per il lavoro di SIRT1.

Perciò avere quantità sufficienti di NAD è molto importante per chi segue la dieta Sirt, in quanto assicura una performance del 100% di SIRT1. Pensate, se fornissimo al nostro corpo una marea di polifenoli SIRT1-attivanti ma non avessimo sufficienti quantità di NAD, vorrebbe dire avere SIRT1 molto meno capace di comunicare al DNA e quindi una efficienza della dieta Sirt molto ridotta.

Probabilmente ora vi starete chiedendo come fare ad avere sufficienti quantità di NAD e dove trovare il NAD nel cibo.

La verità è che il modo migliore per ottenere NAD è assumere sufficienti quantità di vitamina B3 (chiamata anche niacina).

Infatti la vitamina B3 è un precursore del NAD (il corpo usa la vitamina B3 per costruire nuove molecole di NAD). La vitamina B3, come le altre vitamine, è di cruciale importanza per la nostra salute, anzi per la vita stessa, come dice il termine stesso "vitamina".

La vitamina B3 è di grandissima importanza: una sua carenza infatti è responsabile della pellagra, una malattia con gravi conseguenze sull'organismo caratterizzata da desquamazione (perdita della pelle) delle mani e del collo, diarrea, perdita di appetito e di peso, stress, lingua arrossata e gonfia, depressione e ansia. Non a caso la vitamina B3 è anche chiamata vitamina PP (Pellagra-Preventing). Ricordiamoci che non soffrire di pellagra non significa per forza avere una quantità ottimale di vitamina B3 nel tuo corpo.

Il corpo umano non è in grado di sintetizzare autonomamente le vitamine, vitamina B3 inclusa. Come già detto per altri nutrienti, dal punto di vista della scienza della nutrizione la vitamina B3 e le altre vitamine sono quindi nutrienti essenziali, che devono essere perciò assunti per forza tramite gli alimenti.

Fonti alimentari di vitamina B3, che devono quindi essere incluse nella propria dieta sono principalmente alimenti di origine animale come la carne e il pesce.

La vitamina B3 può essere tuttavia trovata anche nel regno vegetale: grani integrali, spinaci, frutta secca e, tra i cibi Sirt, caffè e peperoncino.

SIRT1 e AMPK: fratelli della fame

Facciamo un ulteriore sforzo, e introduciamo un altro interprete nella complessa storia in cui SIRT1 è il nostro protagonista.

Parliamo di AMPK, un "buon amico" di SIRT1.

Per capire chi, o cosa, sia AMPK e come mai il suo lavoro è importante nella dieta Sirt, dobbiamo prima comprendere che cos'è l'ATP.

Un po' l'avevamo visto già mentre facevamo la carrellata delle azioni di SIRT1 e comunque molti di noi avranno sicuramente una vaga memoria dell'ATP dalle lezioni di scienze a scuola. Avevamo visto che l'ATP (adenosina trifosfato) essenzialmente è la moneta di scambio che il corpo utilizza per svolgere le sue funzioni, che richiedono tutte energia (nulla è gratis). In pratica l'ATP è un pacchetto di energia che quando serve può essere utilizzata per sviluppare energia che poi viene incanalata dove meglio crede il corpo.

Più precisamente, per sviluppare energia l'ATP viene rotta in due pezzi, due molecole distinte che prima, insieme, costituivano l'ATP nella sua interezza. Giusto per curiosità, queste due molecole si chiamano una ADP (adenosina difosfato) e l'altra fosfato, ma non andremo a definire un dettaglio maggiore.

Per spiegare questo concetto, forse poco intuitivo, che quando qualcosa viene rotto libera energia, possiamo assimilare il concetto di ATP ai braccialetti luminosi a led, quelli che nel momento in cui vengono spezzati con un colpo secco cominciano a liberare energia sotto forma di luce colorata.

Anche l'ATP nel momento in cui viene spezzata libera energia che viene utilizzata per svolgere reazioni biochimiche che poi sono la base delle nostre funzioni fisiologiche: uscire per una passeggiata, leggere questo libro o semplicemente respirare o far funzionare i reni sono tutte funzioni che richiedono energia liberata dall'ATP.

E qui arriviamo al punto critico di questo capitolo.

L'attività fisica consuma molta ATP. Se le nostre cellule, specialmente nel muscolo scheletrico (per esempio dopo un allenamento in palestra) esauriscono le loro scorte di ATP, ecco che AMPK entra in azione!

AMPK (*AMP-Activated Protein Kinase*, Proteina Chinasi attivata dall'AMP) è una proteina, più precisamente un enzima (come SIRT1). AMPK è particolarmente abbondante dentro le cellule dei miociti (ovvero le fibre muscolari) nel muscolo scheletrico. È presente anche in altre cellule dell'organismo, ma questo va oltre gli scopi di questo libro.

Quando l'ATP sta per esaurirsi, AMPK si sveglia e comincia a fare il suo lavoro, un'attività dai meccanismi molto complicati ed elaborati. Tuttavia, lo scopo finale è piuttosto semplice da capire perché va ad attivare tutti i processi in grado di ricostituire le scorte di ATP.

Ad esempio, AMPK stimola le cellule muscolari ad assorbire glucosio dal sangue, che poi viene utilizzato per produrre nuovo ATP (nuovo carburante).

AMPK stimola anche l'ossidazione dei grassi nei mitocondri, i principali produttori di ATP, e aumenta l'abbondanza degli stessi mitocondri stimolando la cellula a costruirne di nuovi.

A dire la verità questo è un riassunto forse ingeneroso di una realtà molto più elaborata di così. Possiamo però sintetizzare l'essenza delle funzioni principali di AMPK come: (1)

riduzione della glicemia che porta a una migliore sensibilità all'insulina e (2) effetto "brucia grassi". Non male!

Se avete buona memoria e vi ricordate le funzioni di SIRT1 viste all'inizio del libro, forse potrete notare una forte somiglianza di azioni tra SIRT1 e AMPK. Infatti, questi due enzimi hanno molti elementi in comune. Mi piace chiamarli "fratelli della fame", in quanto entrambi vengono attivati in situazione di deprivazione: le funzioni di SIRT1 vengono stimolate dalla restrizione calorica, mentre AMPK viene risvegliata dall'esaurimento cellulare di ATP.

Possiamo chiederci allora come attivare AMPK. Parte della risposta la abbiamo già vista: basterà esaurire le scorte di ATP. Come? Sottoponendosi ad una restrizione calorica e/o allenandosi e facendo tanta attività fisica, che richiede tanta ATP da parte delle cellule muscolari. Anche in questo caso la somiglianza con la storia di SIRT1 è lampante.

Non sembrerebbe quindi la cosa più facile del mondo attivare AMPK. Ovviamente, una buona strategia per ottimizzare la nostra composizione corporea ed eliminare la "ciccia" in eccesso è quella di pianificare dell'attività fisica con cadenza di almeno 2-3 volte a settimana. Lo sport, come già detto, non dovrebbe mai mancare dalla nostra vita. Per quanto riguarda invece la restrizione calorica abbiamo visto che è un approccio complicato, impegnativo, rischioso nel lungo periodo (oltre che difficile da mantenere) e non consigliabile a tutti.

La bella notizia è che la dieta Sirt ci aiuta anche in questo aspetto! Infatti, il suo approccio nutrizionale è in grado di attivare anche AMPK proprio come fa con SIRT1, senza affamarci o senza farci allenare come un atleta olimpico.

Dobbiamo, ancora una volta, ringraziare i polifenoli abbondanti nei cibi Sirt, in grado di attivare, oltre SIRT1, anche AMPK. In particolare, il resveratrolo è riconosciuto essere un ottimo attivatore anche di AMPK oltre che di SIRT1. In uno studio del 2011 eseguito in persone obese la supplementazione di resveratrolo era in grado di attivare non solo SIRT1, ma anche AMPK, portando ad un'aumentata ossidazione dei grassi e ad un migliore controllo della glicemia oltre a vari effetti benefici e anti obesità (*Timmers et al., Cell Metab, 2011*). Studi successivi dimostrarono che l'attivazione di AMPK da parte dei polifenoli è indiretta e mediata proprio da SIRT1. Ad esempio, senza SIRT1 il resveratrolo non è in grado di attivare AMPK (*Price et al., Cell Metab, 2012*). In pratica, in una sorta di effetto domino, i polifenoli attivano SIRT1 e SIRT1 a sua volta attiva AMPK.

E c'è di più. Non solo resveratrolo e altri polifenoli attivano sia SIRT1 che AMPK ma esiste anche una comunicazione vera e propria tra SIRT1 e AMPK in diversi tipi di tessuti e di cellule. Ad esempio, sempre nel muscolo scheletrico, AMPK stesso è in grado di potenziare il lavoro di SIRT1, in quanto è in grado di aumentare la disponibilità di NAD (ricordate? La "canna da pesca" del "pescatore" SIRT1) (*Wang et al., FEBS Lett, 2011*).

Si instaura quindi un circolo virtuoso in cui SIRT1 stimola l'attivazione di AMPK e AMPK stimola l'attivazione di SIRT1.

Ora capite perché li chiamo "fratelli della fame"?

Conclusioni

Attualmente, la migliore opzione nutrizionale con basi scientifiche che abbiamo a disposizione per mimare la restrizione calorica è la dieta Sirt, in grado di fornire una grande quantità di polifenoli capaci di attivare SIRT1 e AMPK.

La dieta Sirt è, a mio modo di vedere, una dieta rivoluzionaria, in quanto mette insieme le conoscenze nel campo della scienza della nutrizione e dell'epigenetica (riguardanti quindi l'aspetto pratico e di efficacia della dieta) e l'altrettanto importante aspetto psicologico della dieta stessa (che riguarda invece l'applicabilità nel lungo termine di un certo stile di vita alimentare). In questo, la dieta Sirt dimostra un grande equilibrio.

La scienza su cui si basa la dieta Sirt è sicuramente solida e le ricerche scientifiche pubblicate ad oggi indicano in maniera corale un ruolo effettivo delle proteine sirtuine, in particolare SIRT1, nei processi stimolanti la perdita di peso in eccesso e nella protezione dall'invecchiamento, oltre che della capacità di alcuni polifenoli di attivare le sirtuine stesse.

Grazie al suo "innesco" di due settimane, la dieta Sirt è quindi in grado di aiutarci a bruciare il grasso in eccesso, oltre a sostenere la nostra salute. Infatti il dimagrimento indotto dalla dieta Sirt non va ad inficiare negativamente sulla massa muscolare, così importante per la salute. Abbiamo visto la grande importanza della massa muscolare per velocizzare il nostro metabolismo e per consumare energia (e grasso in eccesso) tramite i mitocondri in esso contenuti. Abbiamo visto anche che la vitamina B3 è un'importante vitamina per il corretto funzionamento di SIRT1. Ovviamente anche le altre vitamine sono di cruciale importanza per la salute (come dice il loro stesso nome, sono indispensabili per la vita!). Ecco perché in cucina una delle parole d'ordine è "varietà": variare la propria dieta ci aiuta a non incorrere in carenze di questi importanti micronutrienti.

I cibi Sirt sono inoltre una grande fonte di fibre alimentari, così importanti per la nostra salute intestinale, per il nostro microbiota intestinale e per la regolazione della glicemia (per info aggiuntive consultate il capitolo extra sulle fibre alimentari a fine libro).

Ad esempio, bere il succo verde durante le nostre giornate è veramente utile non solo perché è una ricarica di polifenoli, ma anche perché è particolarmente ricco di fibre alimentari e, ovviamente, di acqua.

Sappiamo tutti che l'acqua è così importante per la nostra salute. Il nostro corpo è composto di acqua per il 65-70% del suo peso! Ciò significa che, ad esempio, su una persona di 80 Kg più di 50 Kg sono formati da... acqua (e adesso inizio a sentirmi non così diverso da una medusa!).

Non a caso possiamo dire senza ombra di dubbio che l'acqua è il nutriente più importante in assoluto nella nostra alimentazione.

Per quanto riguarda il dimagrimento e il succo verde, teniamo sempre conto che le fibre alimentari e l'acqua in esso contenuta non forniscono calorie. L'apporto energetico dell'acqua è infatti pari a zero e quello delle fibre alimentari anche. Perciò bevendo il succo verde abbiamo un beneficio extra per il dimagrimento oltre ai polifenoli. Questo prezioso alleato della dieta Sirt, infatti, ci rende più sazi grazie all'acqua le fibre contenute, fornendo pochissime calorie e moltissimi nutrienti in grado di attivare sia SIRT1 che AMPK!

Meglio di così?!

Un appunto è tuttavia doveroso, al rischio di risultare nelle prossime righe estremamente banale. La biologia non è matematica. Nella biologia non c'è mai una risposta unica, e non esiste la "chiave" magica, quella che abbiamo incontrato a inizio della nostra avventura nel primo capitolo, che da sola apre magicamente la porta della salute e del dimagrimento. Non aspettiamoci una risposta farmacologica (ho mal di testa, prendo la pastiglietta, non ho più mal di testa, fine), ma una risposta nel tempo data dal costante apporto di polifenoli tramite gli alimenti. Nella biologia la complessità delle parti in gioco è enorme e in alcuni di questi capitoli vi ho dato solo un assaggio. In questi sistemi ad alta complessità come i nostri corpi non esiste una risposta semplice (mangia questo...) ad un problema complesso (... e dimagrirai). Quindi è importante considerare la dieta Sirt come uno strumento (potente indubbiamente) che entra in gioco insieme ad altri fattori presenti nel sistema. È l'insieme dei fattori che, sommati tra loro, interagiscono e sviluppano il risultato finale. Ecco che una persona che si riempie di hamburger carichi di grassi saturi, patatine fritte a iosa e ciambelle belle piene di zucchero, beve alcool in eccesso (anche vino rosso), e magari fuma, anche se segue diligentemente la dieta Sirt comunque non godrà dei suoi benefici!

E magari c'è anche chi la dieta Sirt non la segue proprio ma mangia con equilibrio alimenti salutari, svolge attività fisica regolarmente e sta benissimo lo stesso.

Quindi la dieta Sirt, ripeto, è uno strumento utile. Non l'unico, anche gli altri fattori vanno considerati. Ma dato che oggi conosciamo le sue potenzialità, perché non sfruttarle?

In un certo senso la nutrizione è un pezzo del puzzle che fa parte del quadro più completo della nostra salute. L'insieme di tutti i pezzi del puzzle potremmo chiamarlo complessivamente il nostro stile di vita e ciò che mangiamo è solo uno di questi elementi.

Tuttavia sempre più in questi anni la scienza ci ha dato modo di conoscere questo complicato frammento del puzzle e ora sappiamo molto meglio come incastrarlo in maniera corretta nel quadro finale, ad esempio tramite la dieta Sirt.

Quando ho cominciato a scrivere questo libro avevo tre obiettivi principali, due legati alla dieta Sirt e uno slegato.

Il primo era dare un'opinione scientifica sulla dieta Sirt che io stesso avevo testato, e il secondo spiegare quali fossero i meccanismi che facevano funzionare la dieta Sirt, e come essi agissero tramite i cibi Sirt e i polifenoli in essi contenuti.

In terzo luogo, avevo l'intenzione di dare al lettore utili informazioni riguardo il funzionamento del nostro corpo e di come i nutrienti forniscono i mattoncini dei quali il corpo è costituito e grazie ai quali funziona.

Dando queste nozioni scientifiche di base sulla scienza della nutrizione avevo (e ho) infatti la forte convinzione di poter dare una grossa mano al lettore nel destreggiarsi nelle sue scelte (al supermercato, al ristorante, in cucina) con meno confusione nel campo della nutrizione, in questi giorni saturo di mezze verità, inesattezze, guru della nutrizione (alcuni senza lauree in campo scientifico), marketing martellante delle aziende, giornalisti approssimativi o alla ricerca del titolone, tutti che dicono tutto e il contrario di tutto.

Anche per questo ho preso la palla al balzo non appena mi sono imbattuto nel libro "La dieta Sirt" (titolo originale: "Sirt Food Diet") di Aidan Goggins e Glen Matten. Una volta letto il libro e documentatomi sulla letteratura scientifica inerente mi sono detto "ecco una dieta con basi scientifiche solide! Vale la pena diffondere e raccontare questa dieta e contemporaneamente fare della divulgazione scientifica in temi di nutrizione, argomento così importante per la salute".

I meccanismi molecolari sulla quale si basa l'attivazione di SIRT1 durante la restrizione calorica sono infatti ben conosciuti e studiati. Il rapporto di SIRT1 con altri pattern molecolari (come quello di AMPK) è anch'esso ben conosciuto. Anche i polifenoli attivatori di SIRT1 sono stati estesamente studiati, in particolare negli ultimi decenni. I polifenoli non devono più essere visti come dei passivi scudi in grado "solo" di difenderci dai radicali liberi ma come dei veri e propri regolatori benefici delle nostre funzioni biologiche e dei modulatori epigenetici (ad esempio attivando le sirtuine).

In definitiva, chi vuole perdere peso e supportare la propria salute senza soffrire ogni giorno in deprivazioni eccessive a tavola e mantenendo il piacere di una buona cucina, può sfruttare la dieta Sirt come valido strumento.

La dieta Sirt è anche piuttosto semplice da seguire: a parte le prime due fasi che corrispondono ai primi giorni, poi non ci sono regole strette da seguire, cibi da eliminare, calorie da calcolare o grammi da pesare. Basta semplicemente *sirtificare* la propria dieta nel modo che abbiamo visto. Paradossalmente chi è già nel suo peso forma potrebbe addirittura decidere di saltare in tronco le due fasi della dieta (Fase di Dimagrimento + Fase di Mantenimento) e passare direttamente alla terza fase della dieta, quella che dura tutta la vita, in cui, liberamente, ognuno *sirtifica* la propria dieta combinando i propri piatti con i cibi Sirt: genuini, salutari, buoni e sazianti.

Per chi invece ha un po' di pancetta di troppo, può cominciare con la Fase di Dimagrimento, con la quale si possono perdere fino a 3 Kg nei primi 7 giorni, preservando allo stesso tempo la propria salute e la propria massa muscolare. La prima fase può essere quella più impegnativa, in quanto prevede una restrizione calorica (un totale di 1000 kcal al giorno introdotte nei primi tre giorni e un totale di 1500 kcal al giorno introdotte nei successivi quattro giorni). Sono tutto sommato solo sette giorni, affrontabili molto più facilmente rispetto ad una dieta sempre uguale 365 giorni all'anno! Finita la settimana della fase di Dimagrimento poi la strada è in discesa. Una volta superato questo piccolo ostacolo vi sentirete già più energici e non dovrete più curarvi delle calorie introdotte. Perciò ricordatevi che la fase 1 dura solo una settimana, la restrizione calorica non è per tutta la vita! Inoltre, il succo verde vi aiuterà moltissimo a mascherare la fame che potrebbe altrimenti incorrere insaziabilmente.

Nella seconda fase (fase di Mantenimento), che dura altri 7-14 giorni, potrete mangiare tre pasti equilibrati ricchi di cibi Sirt e senza dovervi preoccupare delle calorie (fantastico!). Ovviamente uno spuntino a metà mattina e/o metà pomeriggio sono permessi, meglio se sfruttando i cibi Sirt.

Nelle risorse extra che trovate a fine capitolo ho inserito anche un piano alimentare di 14 giorni che vi aiuterà ad organizzare il vostro innesco della dieta Sirt, mettendo in pratica le ricette che abbiamo visto nelle due fasi di Dimagrimento e di Mantenimento.

A differenza della stragrande maggioranza delle altre diete, la dieta Sirt abbraccia una grande varietà di alimenti, compresi alcuni in genere assolutamente vietati, come ad esempio il cioccolato e il vino rosso. Quando noi mangiamo questi cibi nel nostro cervello vengono prodotte molecole come la dopamina, un neurotrasmettitore detto del piacere che ci rende maggiormente contenti e felici mantenendoci costanti nel nostro percorso alimentare.

Ovviamente ricordiamoci che l'equilibrio è importante e che la varietà, è un alleato prezioso e irrinunciabile. La cosa bella è che la scelta tra i cibi Sirt è sicuramente ampia e il loro gruppo che li racchiude conta molti alimenti diversi tra di loro. Potrete quindi sperimentare diverse combinazioni e diverse ricette (quelle che vi ho messo sono solo un assaggio di quello che si può creare!) che vi permetteranno di mangiare sano e gustoso senza mai stancarvi con piatti sempre uguali.

Per quanto riguarda la struttura del libro ho ritenuto doveroso inserire prima dei capitoli dedicati ai singoli cibi Sirt, e solo poi passare ad una parte più applicativa con le ricette vere e proprie. Questo perché credo fermamente che prima di mettersi all'opera sia necessario conoscere gli ingredienti con i quali si vuole poi comporre i propri piatti. Prima apprendere e poi agire. Ecco che conoscere le proprietà nutrizionali, i benefici che può darci e, perché no, la storia di un cibo, lo ritengo importante tanto quanto saperlo combinare efficacemente in una ricetta con altri ingredienti.

Ovviamente non esistono solo i cibi Sirt. Come già detto più volte, la dieta Sirt non è una dieta che esclude alimenti, bensì è una dieta che aggiunge polifenoli! Nessun alimento è assolutamente vietato. Ovvio che se l'alimento è depotenziativo di per sé (cioè allo stesso tempo scarico di nutrienti ed eccessivamente calorico, ad esempio una merendina confezionata) è comunque meglio evitarlo o, se non altro, limitarlo il più possibile. Se però l'alimento è salutare, pur non appartenendo ai cibi Sirt, e magari ci piace, possiamo comunque inserirlo senza limitazioni nei nostri piatti e nelle nostre ricette, semplicemente ricordiamoci di combinarlo con i cibi Sirt.

Così facendo, invece di sentirci continuamente in tensione e sotto sforzo per una dieta che non ci fa sentire a nostro agio, ci sembrerà di non essere a dieta e potremmo continuare senza limiti di tempo a mangiare cibi in grado di attivare SIRT1 e AMPK.

Alcuni hanno criticato la dieta Sirt in quanto molti dei risultati scientifici riguardanti la restrizione calorica, SIRT1 e i polifenoli provengono da studi svolti in organismi modello, partendo dal nostro ormai ben noto lievito *Saccharomyces cerevisiae*, fino ad organismi evolutivamente più simili a noi, come i topi e i ratti.

Le critiche sostengono che i dati ottenuti in organismi modello, per quanto simili all'uomo, possono non essere necessariamente veri anche per gli umani.

Sebbene non sia particolarmente d'accordo con queste critiche mosse nei confronti della dieta Sirt (nonostante l'assunto di partenza sia corretto), credo che sia importante menzionarle per completezza.

Un'importante considerazione va quindi fatta. Sebbene, dal punto di vista teorico, sia corretto dire che i risultati ottenuti in organismi modello vadano confermati nell'uomo, va detto anche che l'evenienza che i risultati ottenuti a riguardo di SIRT1 e delle altre sirtuine in maniera coerente nei lieviti, moscerini, vermi, topi e ratti siano invece assenti o diversi in noi *Homo sapiens* è estremamente improbabile.

Vediamo il perché. Quando parliamo di SIRT1 e di sirtuine in generale, parliamo di un gruppo di proteine estremamente antiche, che sono necessarie per la sopravvivenza degli organismi, sia unicellulari che pluricellulari. Poiché la famiglia delle sirtuine è altamente conservata (cioè la loro struttura e sequenza di amminoacidi è fortemente simile) tra gli esseri viventi, anche la loro funzione è altamente conservata tra le diverse sirtuine di diversi organismi.

Perciò possiamo assumere in maniera relativamente sicura che la maggior parte degli effetti osservati in Sir2 (ricordate? La sirtuina del lievito *Saccharomyces cerevisiae* che avevamo visto all'inizio del libro) è presente anche nel corrispettivo umano di Sir2, cioè SIRT1.

La scienza avanza incessantemente e scopre sempre nuovi pezzettini del puzzle. Col tempo ci darà sempre più indicazioni, ma sono molto confidente della solidità scientifica della dieta Sirt. Gli stessi autori del libro "La Dieta Sirt" hanno testato la dieta Sirt in esseri umani, con eccellenti risultati, confermandone la bontà scientifica.

Inoltre, esistono, sparsi per il mondo, diversi popoli, i cui abitanti hanno un indice di salute molto alto e un'aspettativa di vita elevata che, guarda caso, hanno consumato molti dei cibi Sirt per millenni. Non stiamo forse parlando di esperimento scientifico su larga scala che dura secoli?

Un'altra critica degna di menzione è quella in realtà non mossa direttamente alla dieta Sirt, bensì al resveratrolo e al famoso "Paradosso Francese". Come abbiamo già visto, con il "Paradosso Francese" si intende il fenomeno in base al quale i francesi godono di una sorta di protezione dalle malattie cardiovascolari nonostante un elevato consumo di alimenti con grassi saturi, l'opposto di quanto ci si potrebbe aspettare. E questo grazie al largo consumo di vino rosso tra la popolazione d'oltralpe: secondo alcuni scienziati questo paradosso è spiegabile grazie all'alto contenuto di resveratrolo proprio del vino rosso.

Tuttavia, una corrente minoritaria negli studi scientifici in materia ritiene questo fattore come secondario, e non spiegherebbe da solo questo strano caso, ma positivo per i francesi, di bassa incidenza delle malattie cardiovascolari nella popolazione.

È pur vero che il vino rosso ha un elevato contenuto di resveratrolo, ma la dose terapeutica da assumere richiede comunque un consumo troppo elevato di vino ampliando le conseguenze negative associate all'introito di troppo alcool. Insomma, il classico "cane che si morde la coda"!

Dopo aver studiato ed approfondito il tema, ritengo non del tutto infondate queste critiche alla corrente interpretativa principale del *Paradosso Francese*. Infatti, è effettivamente improbabile che un'unica molecola (il resveratrolo) sia, da sola, responsabile di un effetto biologico così complesso quale la protezione dalle patologie cardiovascolari. Una spiegazione probabile, e forse più saggia, può essere semplicemente quella che il regime alimentare francese sia così variegato da introdurre un determinato mix di molecole (non solo resveratrolo) che, insieme, siano capaci di sviluppare una sinergia protettiva dalle patologie cardiovascolari.

Portando questo concetto all'analisi della dieta Sirt, è chiaro che non possiamo pensare di berci ettolitri di vino rosso con l'obiettivo di attivare SIRT1 grazie al nostro resveratrolo. Tuttavia, se non riteniamo di utilizzare il vino rosso per la preparazione dei cibi sfruttando il trucco per ridurre la componente alcolica (abbiamo visto che basta usarlo in fase di cottura per eliminare tramite evaporazione l'etanolo, mantenendo il contenuto polifenolico intatto), possiamo certamente aumentare il consumo di uva nera e ottenere comunque questo prezioso fitonutriente. Qualora anche questo non fosse sufficiente, ci rimane la chiave stessa di questa dieta: sfruttare la sinergia tra polifenoli (ne abbiamo incontrati parecchi nel nostro viaggio) nell'attivare SIRT1 e le altre sirtuine. Nella biologia il gioco dei nutrienti è sempre uno sport di squadra, mai individuale. E per avere una squadra efficace e affiatata di polifenoli che lavorano per noi, la dieta Sirt è perfetta.

E con questo direi che avete tutto ciò che vi serve per avere una buona guida sulla dieta Sirt. Ma l'avventura è appena cominciata! Ora potete cominciare a divertirvi in cucina e, mentre cucinate le vostre ricette belle zeppe di cibi Sirt (e di bontà), potrete veramente sapere perché è importante dare questi cibi (e i loro nutrienti) al vostro corpo, l'unica casa che abbiamo davvero.

Abbiamo visto la massima di Ippocrate, il padre della medicina dei tempi antichi, che sosteneva che la nostra medicina devono essere gli alimenti. Voglio concludere con William Osler medico canadese del secolo scorso, definito come il padre della medicina moderna.

"Uno dei primi doveri del medico
è quello di educare le persone a non prendere medicinali"

Vorrei infatti che il trend, quando possibile, fosse sempre più quello di preferire i nutrienti e i cibi sani ai farmaci.

Per seguire questa strada è però assolutamente importante conoscere i nutrienti, sapere dove si trovano, come funzionano, come assorbirli al meglio e cosa succede al nostro corpo quando entra in contatto con loro. Spero di avervi dato in questo mio libro degli strumenti per aiutarvi a rispondere a queste domande in maniera autonoma ed iniziare un percorso personale di approfondimento.

Infatti, credo fermamente che sia molto meglio "capire" che "credere", in qualunque campo della conoscenza, ma nel campo della nutrizione ancor di più.

In questo libro non ho cercato di convincervi che la dieta Sirt sia una buona scelta per voi. Piuttosto ho cercato di raccontarvi come la dieta Sirt funziona e quali sono i principi biochimici su cui si fonda. Poi ognuno è libero, con il proprio intelletto e una volta raccolte le dovute informazioni, di scegliere se la dieta Sirt lo può aiutare a migliorare il proprio stile alimentare oppure no.

La conoscenza è l'unico modo per essere realmente liberi e il primo scudo che abbiamo per non essere schiavi di questa o quella moda alimentare.

Siate sempre curiosi sui temi della nutrizione. Siamo ciò che mangiamo e i nutrienti che diamo (o non diamo) al nostro corpo sono le fondamenta per la nostra salute.

Il tempo speso imparando non è mai perso.

Risorse extra

Pensavate di esservi liberati di me, e invece sono ancora qua!

Spero che questo libro abbia colto il vostro interesse, ma soprattutto vi abbia dato consigli preziosi per migliorare (si può sempre migliorare) il vostro stile alimentare.

Con il precedente capitolo il libro può dirsi concluso.

Tuttavia, mi fa piacere fornirvi ulteriori risorse in modo tale che possiate avere il maggior supporto possibile per cominciare l'avventura della dieta Sirt nel miglior modo possibile.

Ecco perché ho voluto inserire una proposta di piano alimentare di 14 giorni per innescare la dieta Sirt tramite le sue prime due fasi (la fase 1 di Dimagrimento e la fase 2 di Mantenimento). Nelle prossime pagine troverete delle proposte di combinazioni di ricette e spazio per qualche vostro appunto durante l'Innesco della dieta Sirt.

Nelle risorse extra potete inoltre trovare un capitolo ulteriore dedicato all'importanza delle fibre, tanto importanti per la nostra salute e arma segreta dei cibi Sirt, di cui non ho parlato nello specifico finora ma che sono veramente un'arma in più della dieta Sirt, oltre ad una sezione dedicata alle domande più frequenti sulla dieta stessa, con relative risposte.

Il tuo piano alimentare Sirt di 14 giorni

Questa guida vuole fornire indicazioni pratiche per iniziare a *sirtificare* la dieta con un piano alimentare di 14 giorni.

Combinando questo piano con le ricette presentate in precedenza potrete mettere subito in pratica quanto letto e iniziare il vostro percorso di cambiamento.

Ricordate però: questo piano alimentare è solo un suggerimento per aiutarvi in modo pratico e immediato, specialmente nelle prime due settimane. Sicuramente con il tempo sarete capace di creare il vostro piano sviluppando nuove ricette in base alle vostre esigenze, ai vostri gusti e ai vostri tempi.

Perciò considerate questo piano alimentare di 14 giorni come un suggerimento dal quale trarre spunto, non una rigida serie di regole da seguire.

Anche il numero di calorie indicate nella fase dimagrante è un'indicazione, dipende dalle variabili interindividuali come il fatto di essere maschio o femmina, o se il proprio lavoro consiste in un'attività più o meno fisica.

Suggerisco, inoltre, di iniziare ad applicarlo dal lunedì, in modo da sfruttare le maggiori energie accumulate nel weekend.

Un ulteriore suggerimento: è possibile che durante uno di questi giorni sia prevista una cena fuori con amici, familiari o colleghi. Ricordati allora che anche se non puoi cucinare per te stesso, puoi sempre scegliere delle pietanze che contengano il maggior numero possibile di cibi Sirt. Oppure puoi chiedere al cameriere di far apportare qualche piccolo cambiamento ai piatti da te ordinati.

Ultimo trucchetto da tenere in considerazione: ricordiamoci che il caffè e il thè matcha sono ottimi stimolanti e modulatori del tono dell'umore. Ottimi alleati, quindi, dal punto di vista psicologico specialmente quando si comincia ad affrontare un nuovo di stile di vita alimentare che può farci sentire forse un po' scombussolati. Se, da una parte, è previsto un consumo abbondante di thè matcha nel piano alimentare Sirt qui proposto, dall'altra non è indicato nulla a riguardo della bevanda di elezione per noi italiani. Anticipo quindi subito per evitare fraintendimenti che consumare caffè (con buon senso e moderazione ovviamente, per non esagerare con la caffeina) potrà aiutare dal punto di vista mentale e della motivazione a seguire con costanza il piano alimentare Sirt di 14 giorni, specialmente nella sua prima parte.

Prima settimana: Dimagrimento

La fase dimagrante è suddivisa in due parti. Durante i primi 3 giorni (**GIORNO 1-3**) devi ridurre l'ammontare calorico ad un massimo di 1.000 calorie e ricordarti di bere il succo verde almeno tre volte al giorno. Non temere, il succo ti aiuterà a sentirti realmente sazio e a non percepire molta fame (oltre ad attivare il gene magro).

Per i rimanenti 4 giorni della settimana (**GIORNO 4-7**), puoi aumentare il numero di calorie da 1.000 a 1.500 e puoi mangiare due pasti solidi riducendo invece a due i succhi verdi da assumere

Questa è la fase dove dovresti ottenere un dimagrimento più accentuato dal punto di vista visivo!

GIORNO 1 – circa 1000 calorie

COLAZIONE
- *Succo verde*

PRANZO
- *Manzo in salsa di vino rosso*
- *Succo Verde a metà pomeriggio*

CENA
- *Succo Verde*

Il primo giorno della fase dimagrante assicurati di iniziare con tutte le tue energie e serenità questa avventura nel mondo dei polifenoli e della Dieta Sirt! Il manzo in salsa di vino rosso è un pasto saziante. Dovrebbe essere abbastanza per farti sentire sazio. Qualora fossi ancora affamato o affamata, puoi sempre mangiare una mela a metà mattinata.

NOTE:

_____

_____

_____

GIORNO 2 – circa 1000 calorie

COLAZIONE
- *Succo Verde*

PRANZO
- *Straccetti di pollo al vino rosso*
- *Succo Verde a metà pomeriggio*

CENA
- *Succo Verde*

Un pizzico di ottimismo (e di polifenoli!) ti aiuterà a superare anche questo giorno di restrizione calorica ma ricorda: una mela a metà mattinata potrebbe aiutarti a sconfiggere il senso di fame.

NOTE:

_____
_____
_____
_____
_____

GIORNO 3 – circa 1000 calorie

COLAZIONE
- *Succo verde*

PRANZO
- *Zuppa Sirt*
- *Succo Verde a metà pomeriggio*

CENA
- Succo Verde

Ce l'hai quasi fatta!

Questo è l'ultimo giorno di restrizione calorica.

Tieni duro! Da domani potrai avere due pasti completi al giorno!

NOTE:

GIORNO 4 – circa 1500 calorie

COLAZIONE
- *Succo Verde*

PRANZO
- *Macedonia Sirt*
- *Succo Verde a metà pomeriggio*

CENA
- *Riso con Tofu, Edamame e Cavolo Riccio*

Ben fatto! Hai superato la parte più difficile ed ora inizia un percorso di consolidamento.

D'ora in poi potrai godere di due pasti complete al giorno!

NOTE:
_____
_____
_____
_____
_____
_____

GIORNO 5 – circa 1500 calorie

COLAZIONE
- *Succo Verde*

PRANZO
- *Chips di cavolo riccio*
- *Succo Verde a metà pomeriggio*

CENA
- *Uova Strappazzate con Rucola e Salmone*

A pranzo puoi soddisfare il tuo appetite con un piatto leggero ma appetitoso: le chips di cavolo riccio.

A cena invece potrai approfittare di un piatto con un elevato contenuto di proteine grazie alle uova e al salmone.

NOTE:

_____

_____

_____

GIORNO 6 – circa 1500 calorie

COLAZIONE
- *Succo Verde*

PRANZO
- *Insalata di Pasta con grano Saraceno*
- *Succo Verde a metà pomeriggio*

CENA
- *Petto di pollo aromatico*

Hai quasi finite con la conta delle calorie! Domani è l'ultimo giorno nel quale devi controllarle nei tuoi pasti. Tieni duro per l'ultimo giorno!

NOTE:

_____
_____
_____
_____
_____
_____

GIORNO 7 – circa 1500 calorie

COLAZIONE
- *Succo Verde*

PRANZO
- *Soba piccanti*
- *Succo Verde a metà pomeriggio*

CENA
- *Tofu saltato con peperoni*

Ce l'hai fatta! Hai completato la fase dimagrante! Congratulazioni! Hai solo iniziato a beneficiare dei cibi Sirt. Continua a "*sirtificare*" la tua dieta nella Fase di Mantenimento!

NOTE:

_____

_____

_____

_____

Seconda settimana: Mantenimento

La seconda fase è quella del mantenimento (**GIORNI 8-14**). Dura due settimane e ti aiuta a consolidare i sacrifici fatti durante la fase precedente di restringimento calorico. Ora non è più necessario contare le calorie in quanto non c'è un limite da tenere in considerazione. Adesso puoi mangiare tre pasti pieni di cibi Sirt e bere un succo verde al giorno. Il concetto stesso di dieta, quindi, va pian piano a scomparire perché si sviluppa una nuova abitudine che ti porterà a *sirtificare* le tue giornate e i tuoi pasti senza sforzo. La dieta Sirt diventerà velocemente una buona e salutare abitudine!

GIORNO 8

COLAZIONE
- *Bowl di Yogurt Greco con Fragole e Noci*

PRANZO
- *Macedonia Sirt*
- *Succo Verde a metà pomeriggio (o metà mattina)*

CENA
- *Manzo in salsa di Vino rosso*

La sera puoi iniziare a preparare il cestino di frutti di bosco per la colazione di domani. Una volta cotto nel forno, lascialo raffreddare a temperature ambiente.

NOTE:

GIORNO 9

COLAZIONE
- *Cestini di Frutti di Bosco*

PRANZO
- *Insalata di Pasta di Grano saraceno*
- *Succo Verde a metà pomeriggio (o metà mattina)*

CENA
- *Tofu saltato con peperoni*

Ricordati che non esiste un solo tipo di Succo Verde! Puoi divertirti a sperimentare diverse combinazioni, utilizzando nuovi cibi Sirt puoi preparare il tuo Succo Verde. In questo modo il tuo Succo verde sarà diverso ogni giorno!

NOTE:

_____
_____
_____
_____
_____
_____

GIORNO 10

COLAZIONE
- *Uova strapazzate con Rucula e Salmone*

PRANZO
- *Smoothie di Tè Matcha*
- *Succo Verde a metà pomeriggio (o metà mattina)*

CENA
- *Straccetti di Pollo al Vino Rosso*

Lo Smoothie di Tè Matcha può essere considerato come un particolare tipo Succo Verde, solo più dolce. La colazione energetica e la cena proteica dovrebbero aiutarti a compensare il pranzo leggero.

NOTE:

_____
_____
_____
_____
_____

GIORNO 11

COLAZIONE
- *Sirt-Pancakes*

PRANZO
- *Datteri ripieni di Noci*
- *Succo Verde a metà pomeriggio (o metà mattina)*

CENA
- *Spaghetti soba piccanti*

Preparati la sera prima la colazione di domani (la Gelatina di Fragole e Lamponi) e mettila a raffreddare nel frigo.

NOTE:

GIORNO 12

COLAZIONE
- *Gelatina di Fragole e Lamponi*

PRANZO
- *Riso con Tofu, Edamame e Cavolo Riccio*
- *Succo Verde a metà pomeriggio (o metà mattina)*

CENA
- *Zuppa Sirt*

Questo menu giornaliero può andare bene per i giorni dalle mattinate impegnate e frenetiche perché la colazione è già pronta in frigo dalla sera prima.

NOTE:

GIORNO 13

COLAZIONE
- *Uova strapazzate con Arugula e Salmone*

PRANZO
- *Mele dolci a cubetti*
- *Succo Verde a metà pomeriggio (o metà mattina)*

CENA
- *Petto di Pollo Aromatico*

Da oggi dovresti sentirti realmente più energico per affrontare la tua giornata! Il potere del gene magro dovrebbe essere ben attivato ora!

NOTE:

_____
_____
_____
_____
_____

GIORNO 14

COLAZIONE
- *Macedonia Sirt*

PRANZO
- *Insalata di pasta di Grano Saraceno*
- *Succo Verde a metà pomeriggio (o metà mattina)*

CENA
- *Chips di cavolo riccio*

Congratulazioni! Hai completato tutti i 14 giorni previsti, ma sei solo all'inizio!

Se vuoi mantenere i risultati conseguiti e ampliarli, ora devi continuare ad incrementare questa tua abitudine e *sirtificare* le tue giornate per godere dei benefici costanti del gene magro!

NOTE:

_____
_____
_____
_____

Crea ora il tuo Piano Alimentare personale con le ricette che trovi in questo libro e tutte le ricette che vorrai sperimentare e creare.

Ora che conosci i cibi Sirt e le loro proprietà,

Combinali in piatti golosi e salutari!

Fibre: benefici extra dei cibi Sirt

Come avrete notato fin da subito e come ormai giunti alla fine del libro avrete ben chiaro in testa, moltissimi dei cibi Sirt presentati appartengono al grande gruppo degli ortaggi. Frutta e verdura sappiamo tutti essere pieni di benefici per la nostra salute. Abbiamo però scoperto insieme un nuovo beneficio per alcuni di questi alimenti: la capacità di attivare SIRT1 e altre sirtuine, con gli effetti positivi associati visti all'inizio del libro quali riduzione del senso di fame, miglioramento della efficienza metabolica del fegato e anche del muscolo grazie all'aumentato numero di mitocondri in quest'ultimo, azione protettiva cardiovascolare e molti altri.

In realtà la frutta e la verdura (frutti Sirt e verdure Sirt compresi) danno un ulteriore vantaggio, molto più conosciuto dalle persone, ma che comunque vale la pena rimarcare anche qui: le fibre alimentari, molto ricche in questi alimenti.

Le fibre alimentari sono definite come "non-nutrienti": infatti non forniscono energia al corpo, non sono incorporate nei tessuti dello stesso e non hanno attività vitaminiche.

Perciò come è mai possibile che queste fibre non-nutrienti siano così importanti per il nostro organismo? A prima vista paiono così inutili!

La risposta giace principalmente nel nostro intestino.

L'intestino ha un ruolo cruciale nell'organismo per l'assorbimento dei nutrienti e acqua che provengono dai cibi che mangiamo. Pensate che per svolgere questa funzione questo organo ha una superficie molto estesa, per massimizzare le capacità di assorbimento. Se prendessimo un intestino umano, lo aprissimo e "srotolassimo" completamente otterremmo una superficie di circa 300 m², corrispondente circa ad un campo da tennis!

Tuttavia dire che quello dell'assorbimento è l'unico ruolo dell'intestino è molto riduttivo. Va ricordato che qui "abita" il cosiddetto microbiota intestinale (conosciuto anche impropriamente come microflora intestinale): si tratta dell'insieme di tutte le numerose specie di microorganismi (principalmente batteri ma anche funghi e virus) che vivono nel nostro intestino e che hanno un ruolo simbiotico, ovvero traggono vitto e alloggio dal nostro corpo e convivono nell'organismo umano senza danneggiarlo, anzi, hanno degli effetti positivi sulla nostra salute.

Il numero di questi microorganismi è enorme! È stato stimato che il loro numero sia superiore a 10^{14} (cioè 100.000.000.000.000 microorganismi!): il loro numero è dieci volte tanto quello di tutte le cellule del corpo umano!

Il microbiota intestinale ci offre veramente tanti benefici: rafforza l'integrità intestinale, ci protegge dai microorganismi patogeni e ha un'azione di regolazione del nostro sistema immunitario (*Thursby & Juge, Biochem J, 2017*).

Tuttavia, questi meccanismi possono essere disturbati o, addirittura, compromessi se la composizione delle diverse specie di microorganismi del microbiota intestinale viene alterata in una condizione, chiamata disbiosi, che pone le basi per molte patologie.

Eccessi di zuccheri e grassi saturi nella dieta, eccesso di bevande alcoliche, fumo, antibiotici e altri fattori sono comuni concause di disbiosi.

Attenzione, non stiamo parlando solo di intestino: molte recenti evidenze scientifiche ci stanno indicando sempre più che il ruolo del microbiota intestinale non si ferma solo all'intestino ma a tutto il corpo umano!

A ragion di ciò, prevenire la disbiosi dev'essere quindi uno dei primi obiettivi con lo scopo di preservare la salute e anche la forma fisica in quanto evidenze scientifiche sempre più numerose indicano che il microbiota intestinale svolge un ruolo significativo nello sviluppo dell'obesità, dell'infiammazione associata all'obesità e della resistenza all'insulina (*Shen et al., Mol Aspects Med, 2013*).

Ed eccoci quindi a trovare un incastro tra le fibre che abbiamo introdotto a inizio capitolo e il microbiota intestinale. In questo contesto le fibre sono un prezioso alleato in grado di prevenire la disbiosi e mantenere l'integrità del microbiota intestinale.

É doveroso aggiungere anche che le fibre non sono tutte uguali: una utile classificazione distingue le fibre alimentari in fibre solubili e fibre insolubili.

Le fibre solubili sono in grado di assorbire acqua, sono resistenti alla digestione dei nostri enzimi digestivi e sono quindi fermentati dai batteri e funghi del microbiota. In pratica questi microorganismi utilizzano queste fibre come loro fonte di energia. Così facendo proliferano e crescono.

Proprio per questo motivo le fibre solubili sono chiamate anche "prebiotici", in quanto stimolano la salute e la proliferazione del nostro buon microbiota intestinale.

Grazie all'assorbimento di acqua e alla conseguente formazione di un gel viscoso, le fibre solubili possono aiutarci nel controllare i livelli di colesterolo nel sangue e ridurre l'assorbimento di zuccheri introdotti con i pasti.

Il secondo tipo di fibre sono quelle chiamate fibre insolubili. Loro non hanno una particolare affinità all'acqua e quindi non sono in grado di assorbirla. Anche il microbiota intestinale non utilizza le fibre insolubili come fonte energetica.

Tuttavia le fibre insolubili promuovono l'aumento del volume delle feci e aumentano la velocità di transito intestinale. Non sottovalutate questo aspetto, è molto importante in quanto permette un flusso continuo nell'intestino e impedisce il ristagno e l'accumulo di sostanze potenzialmente tossiche se in eccessive quantità. Le fibre insolubili sono alleate contro la costipazione e per una salutare regolarità intestinale.

E i benefici delle fibre non finiscono qui!

Infatti, includere fibre regolarmente nella nostra dieta (e in questo la dieta Sirt è super efficace!) assicura inoltre un buon controllo della glicemia. Come abbiamo precedentemente visto eventi troppo ricorrenti di eccessiva iperglicemia sono i primi passi verso la resistenza insulinica e quindi il diabete di tipo 2. Mangiare pasti contenenti solo carboidrati (o peggio, zuccheri) fa sì che il nostro tratto intestinale digerisca e assorba troppo rapidamente i carboidrati in componenti più piccoli (in genere glucosio). Questa velocità di assorbimento permette al glucosio di entrare velocemente tutto di un colpo dentro il sangue portando quindi ad un suo eccesso nel sangue stesso, cioè iperglicemia.

Se invece mangiamo un pasto equilibrato contenente non solo carboidrati ma anche fibre, aiutiamo il nostro corpo ad attenuare l'entrata di glucosio derivante dai carboidrati dal lume dell'intestino al sangue. Infatti, i nostri enzimi digestivi "perdono tempo" a provare senza successo a digerire le fibre e questo rallenta la digestione dei carboidrati.

Inoltre le fibre aumentano il volume del materiale che raggiunge l'intestino, creando una struttura che rallenta gli enzimi digestivi nel trovare e digerire i carboidrati.

In conclusione, le fibre alimentari sono veramente ottimi alleati nella nostra alimentazione e i cibi Sirt ne sono veramente abbondanti.

Assicuratevi sempre di avere pasti ricchi di fibre. Scegliendo tra i frutti Sirt e le verdure Sirt il compito vi sarà facile.

Un ulteriore modo per assicurarvi un ottimo apporto di fibre è scegliere alimenti prodotti con farina integrale piuttosto che con farina raffinata bianca. La prima contiene fibre della pianta di origine, così come sali minerali e vitamine, la seconda è svuotata dei suoi nutrienti e completamente impoverita di fibre.

Un'altra opzione per fornire le giuste fibre nella nostra dieta è scegliere i pseudocereali come la quinoa, l'amaranto e il cibo Sirt grano saraceno.

Domande e risposte

Ecco qui alcune delle domande più frequenti a riguardo della dieta Sirt, con relative risposte.

La dieta Sirt serve solo a perdere peso?

No! La dieta Sirt è un'ottima opzione non solo per perdere peso ma anche per introdurre cibo salutare e nutrienti utili all'organismo. I polifenoli presenti nei cibi Sirt, attivando SIRT1 e le altre sirtuine, non solo stimolano il consumo di grassi e riducono il senso di fame ma comportano tutta una serie di effetti benefici per la salute dell'organismo. Chiunque può beneficiare della dieta Sirt, anche se non deve perdere peso.

Posso mangiare proteine animali (carne, pesce, uova) se seguo la dieta Sirt?

Certamente, gli alimenti di origine animale che apportano proteine non sono presenti tra i cibi Sirt. Ma ciò è dovuto semplicemente al fatto che non contengono polifenoli. Tuttavia, contengono altri nutrienti egualmente utili per il nostro corpo, ad esempio le proteine nobili animali. Come spiegato nel libro, la dieta Sirt non è una dieta che toglie, ma una dieta che aggiunge. La cosa importante è che tu includa nei tuoi piatti i cibi Sirt. Se ti piace, puoi includere anche la carne nella tua dieta, cercando però di selezionare le carne e i tagli più magri ed evitare i prodotti eccessivamente lavorati o addizionati con aromi e conservanti artificiali. Uova e pesce non sono solo accettati ma consigliati, in quanto ottime fonti di moltissimi nutrienti oltre che di proteine nobili. Il pesce (specialmente il salmone e il pesce azzurro) è fonte eccezionale di acidi grassi essenziali della serie omega-3.

> **LO SAPEVI CHE** le uova sono veramente importanti per la nostra salute?
>
> Le uova sono un cibo veramente completo. Contengono grassi buoni, proteine nobili, cioè molto abbondanti di amminoacidi essenziali, e sono praticamente prive di zuccheri semplici. Le uova sono particolarmente abbondanti anche di vitamine: vitamina K2 che è molto importante per la salute ossea, la vitamina D (nel tuorlo), anch'essa molto importante per la salute ossea, oltre che per la salute cardiovascolare e per potenziare il sistema immunitario. Il tuorlo d'uovo contiene anche la lecitina, una sostanza lipidica con attività ipocolesterolemizzante. In ragione di ciò l'uovo è veramente un "superfood" salutare, economico e comodo (si può bollire e portare con sé dovunque si voglia).

Posso sostituire il cibo Sirt grano saraceno con prodotti a base di farina di grano?

Se vuoi puoi farlo, come abbiamo visto la dieta Sirt non è una dieta "dittatoriale". Tuttavia è consigliato includere il grano saraceno tra i cibi abbondanti nelle tue giornate. Non farlo significa perdere una opportunità di introdurre nel tuo corpo polifenoli in grado di attivare le sirtuine. Inoltre il grano saraceno è un'ottima fonte di fibre, di vitamine e ha un indice glicemico basso. La farina bianca è, invece, scarica di nutrienti e ha un indice glicemico più alto.

La dieta Sirt è adatta ai celiaci?

Tutti i cibi Sirt sono naturalmente privi di glutine, perciò la dieta Sirt può essere seguita anche dai celiaci e da chiunque voglia escludere il glutine dalla propria dieta in quanto la dieta Sirt si basa su cibi gluten free.

La dieta Sirt è adatta agli intolleranti al lattosio?

Tutti i cibi Sirt sono naturalmente privi di lattosio, perciò la dieta Sirt può essere tranquillamente adottata anche dagli intolleranti al lattosio.

Posso apportare modifiche alla ricetta del succo verde?

Certamente. Considera la ricetta del succo verde presentato come una base da cui partire. Dalla sua ricetta puoi aggiustare e modificare le dosi degli ingredienti, a seconda dei tuoi gusti. Ogni tanto puoi anche provare a cambiare qualche ingrediente, giusto per rendere più divertente la preparazione (e la degustazione) del succo verde. In questo modo ti sembrerà di provare e di bere sempre qualcosa di diverso senza rischiare di stancarti di bere sempre la stessa cosa. Ogni giorno sarà diverso!

Sono incinta. Posso seguire la dieta Sirt?

È sconsigliato in gravidanza seguire la fase 1 (fase di Dimagrimento) della dieta Sirt, quella che include una restrizione calorica. Puoi tuttavia "*sirtificare*" la tua dieta introducendo i cibi Sirt all'interno dei tuoi piatti. Sii cauta con i cibi e le bevande contenenti caffeina (inclusi il tè Matcha e il caffè) ed evita completamente di bere alcolici, vino rosso incluso. L'alcool, anche se in piccole quantità è comunque tossico per il tuo feto. Evitalo! Tuttavia puoi mantenere il vino rosso come ingrediente delle tue ricette in cui viene cotto: l'alcool evaporerà con il calore.

Ad ogni modo, prima di cambiare in maniera radicale i tuoi stili alimentari in gravidanza è fortemente consigliato parlarne prima con il tuo ginecologo.

La dieta Sirt è adatta ai bambini?

La fase 1 della dieta Sirt (fase di Dimagrimento) non è adatta ad un corpo in rapida crescita come quella di un bambino o di un adolescente.

Tuttavia le ricette preferite dei vostri bambini possono essere "sirtificate" in modo da far beneficiare anche loro dei preziosi effetti dei polifenoli SIRT1-attivanti. Così come nella gravidanza, evitare l'utilizzo di caffè e tè matcha (per la presenza di caffeina) e di vino rosso (per la presenza di caffeina).

Assumo farmaci. Posso seguire la dieta Sirt?

Se assume farmaci è meglio, prima di cominciare il percorso della dieta Sirt, consultare il tuo medico.

Quante volte posso ripetere la fase 1 + fase 2?

Puoi ripetere la fase 1 + fase 2 quante volte vuoi per stimolare il più possibile SIRT1 e le altre sirtuine.

Devo seguire la fase 1 per sette giorni o qualche giorno in meno va bene lo stesso?

La dieta Sirt è elastica. Se senti che non ce la fai a seguire interamente la fase 1, la più impegnativa della dieta, puoi ridurre i giorni di applicazione di questa fase. Comunque ne beneficerai.

Glossario

Acido ascorbico: sinonimo di vitamina C.

Acido caffeico: un attivatore naturale delle sirtuine. È presente in molti alimenti di origine vegetale, ad esempio caffè e datteri.

Acido clorogenico: un polifenolo attivatore naturale delle sirtuine abbondante nella pianta del caffè.

Adipocita: cellula del tessuto adiposo, specializzata nel sintetizzare e accumulare grassi come scorte di energia. Inoltre sintetizza e secerne alcuni ormoni (ad esempio l'adiponectina) che regolano il metabolismo corporeo.

Adiponectina: un ormone prodotto e secreto dall'organo adiposo, contrasta l'obesità e il diabete, migliora la sensibilità insulinica e promuove quindi un regolare controllo del glucosio. L'adiponectina può stimolare l'attività di SIRT1 e di AMPK promuovendo la salute metabolica.

Adrenalina: anche conosciuta come epinefrina, è un ormone prodotto dalle ghiandole surrenali. Gioca un ruolo molto importante nella cosiddetta risposta *fight-or-flight* ("combatti o fuggi") in quanto aumenta la frequenza cardiaca e il flusso sanguigno ai muscoli. Nel tessuto adiposo l'adrenalina stimola la lipolisi e il rilascio di acidi grassi liberi che possono poi a loro volta essere utilizzati come fonte di energia in altri tessuti (ad esempio nel muscolo scheletrico).

Alcaloide: gruppo di sostanze organiche contenenti azoto prodotte dalle piante. In genere gli alcaloidi sono tossici per l'uomo, ma alcuni sono benefici in piccole quantità.

Amido: composto di colore bianco presente nei tessuti vegetali e utilizzato come riserva di carboidrati (glucosio) nelle piante. Presente abbondantemente nella alimentazione umana, con cereali e tuberi le principali fonti.

Amminoacido: composto organico contenente carbonio, ossigeno, idrogeno e azoto. Gli amminoacidi sono i "mattoncini" che compongono le proteine. Nel corpo umano ci sono 20 diversi tipi di amminoacidi che compongono le proteine. Ogni diversa proteina è caratterizzata da diverse combinazioni di questi 20 amminoacidi.

Amminoacidi essenziali: amminoacidi che non possono essere sintetizzati ex novo dal corpo umano e che quindi devono essere apportati tramite l'alimentazione.

AMPK: AMP-activated protein kinase, proteina chinasi attivata da AMP. AMPK è un enzima che gioca un ruolo cruciale nel metabolismo. Promuove l'assorbimento di glucosio dal sangue e stimola il consumo di carboidrati e grassi per produrre energia quando le scorte cellulari di quest'ultime sono basse.

Antiossidante: un nutriente in grado di proteggere le cellule e i tessuti riducendo i danni dei radicali liberi nel corpo. Gli antiossidanti possono essere naturali o artificiali.

Apigenina: un polifenolo appartenente al gruppo dei flavonoidi. Si trova in molti alimenti vegetali tra cui il sedano, il prezzemolo e la camomilla. È un attivatore naturale delle sirtuine. L'apigenina è stata nel passato usata anche come colorante per la lana per il suo colore giallo

ATP: adenosina trifosfato. L'ATP è un composto organico in grado di liberare energia necessaria per svolgere le varie funzioni del nostro corpo. L'ATP rilascia energia in seguito alla rottura dei suoi legami molecolari. L'ATP si trova in tutti gli organismi viventi.

Buteina: una molecola naturale presente nel regno vegetale. È un attivatore naturale delle sirtuine.

Caffeina: molecola naturale appartenente alla classe delle metilxantine e presente in molte diverse piante. È una sostanza dal potente effetto stimolante nel sistema nervoso centrale ed è la droga psicoattiva più consumata al mondo. Uno dei più conosciuti e studiati meccanismi di azione della caffeina è l'inibizione di specifici recettori, chiamati recettori dell'adenosina, nel cervello. Inibendo i recettori dell'adenosina, la caffeina stimola la concentrazione e l'allerta.

Capsaicina: sostanza presente nei peperoncini piccanti (*Capsicum spp*) in grado di conferire piccantezza a questi ultimi. La capsaicina si trova all'interno dei frutti (bacche) e nei semi di queste piante.

Carboidrati: biomolecola contenete carbonio, idrogeno e ossigeno. È uno dei principali macronutrienti della nostra dieta, insieme a grassi e proteine. I carboidrati possono essere suddivisi in carboidrati semplici (detti anche zuccheri), aventi un basso peso molecolare, e carboidrati complessi, aventi un alto peso molecolare. Esempi di carboidrati semplici sono il glucosio e il saccarosio (il comune zucchero da cucina). Un esempio di carboidrati complessi è l'amido, presente nei cereali e nei tuberi. I carboidrati apportano circa 4 kcal per grammo.

Cibo Sirt: un alimento particolarmente abbondante di specifici polifenoli in grado di attivare le sirtuine, in particolare SIRT1.

Citoplasma: chiamato anche citosol, è il contenuto liquido delle cellule nel quale sono immersi il nucleo e altri organelli.

Colesterolo: molecola appartenente al gruppo dei grassi con importanti funzioni strutturali nelle membrane delle cellule. È inoltre un precursore per la costruzione di molti tipi di ormoni (ad esempio gli ormoni sessuali, maschili e femminili, e il cortisolo). È quindi una molecola molto importante per la nostra salute. Tuttavia, un eccesso di colesterolo nel corpo, specialmente LDL e VLDL, è associato a malattie cardiovascolari.

Curcumina: un composto fenolico di colore giallo acceso abbondante nella pianta di curcuma. Moltissime evidenze scientifiche hanno dimostrato che la curcumina ha diversi effetti salutari. In particolare, ha azioni anti-infiammatoria, antiossidante e detossificante.

Daidzeina: un polifenolo particolarmente abbondante nella soia e suoi derivati. Ha effetti protettivi sul sistema cardiovascolare.

Diabete: gruppo di patologie di diverse cause che hanno in comune la mancata abilità del corpo di regolare il quantitativo di glucosio nel sangue (la glicemia) con conseguente aumento del glucosio nel sangue (iperglicemia) e sua comparsa nelle urine. Nel diabete di tipo II, spesso causato da una alimentazione scorretta e troppo ricca di zuccheri, si ha resistenza all'insulina e alterata secrezione di insulina da parte del pancreas.

DNA: acido deossiribonucleico. Il DNA è una biomolecola contenuta principalmente nel nucleo delle cellule. Il DNA codifica le informazioni genetiche di tutti gli esseri viventi, necessarie e sufficienti per la loro stessa vita.

Enzima: un enzima è una proteina che agisce da catalizzatore biologico. Un catalizzatore velocizza una o più reazioni chimiche.

Epicatechina: un polifenolo appartenente al gruppo dei flavonoidi. È il polifenolo più abbondante nel cacao. È un attivatore naturale delle sirtuine.

Epigallocatechin Gallato (EGCG): il più importante e abbondante polifenolo presente nel tè, in particolare nel tè verde e nel tè matcha. È un attivatore naturale delle sirtuine.

Epigenetica: branca della genetica che studia come il DNA si esprime in risposta ai cambiamenti dell'ambiente al quale è soggetto (ad esempio la dieta, l'attività fisica, stress ambientale o psicologico, inquinamento, tossine, ecc.).

Fisetina: un polifenolo presente in molte piante, dove è utilizzato come agente colorante (conferisce il colore giallo). È presente anche in molti ortaggi, ad esempio fragole, mele, cachi, cipolle, tè e cetrioli. È un attivatore naturale delle sirtuine.

Gene: una delle migliaia unità fisiche e funzionali presenti nel DNA che determina le caratteristiche che passano da genitori a figli (ad esempio il colore degli occhi). In altre parole, un gene è una specifica sequenza di DNA che codifica un'informazione. Quando il gene è attivo produce una specifica molecola (perlopiù trattasi di proteine) che cambia in qualche modo una specifica funzione di una cellula e quindi dell'organismo.

Genetica: la genetica è una branca della biologia che studia l'ereditarietà delle informazioni trasmesse da organismo genitore a organismo figlio.

Genisteina: un polifenolo particolarmente abbondante nella soia e suoi derivati. Ha effetti protettivi nel sistema cardiovascolare.

Genoma: tutte le informazioni genetiche (i geni) di un organismo.

Glicemia: misura del quantitativo di glucosio nel sangue. Un'eccessiva concentrazione di glucosio nel sangue è chiamata "iperglicemia" mentre una troppo bassa concentrazione di glucosio nel sangue è chiamata "ipoglicemia". Una causa frequente di iperglicemia è il consumo eccessivo di carboidrati, in particolar modo di zuccheri semplici

Glicogeno: polisaccaride formato da diverse unità di glucosio legate insieme in un'unica molecola. Serve come fonte di energia nei mammiferi ed è immagazzinato principalmente nel muscolo scheletrico, oltre che nel fegato. Il quantitativo di glicogeno nel nostro corpo è limitato a 500-800 grammi circa, anche se può variare da individuo a individuo.

Glucosio: il principale monosaccaride (o zucchero) usato come fonte energetica nel corpo umano e negli animali. Negli animali e nell'uomo il glucosio è immagazzinato sotto forma di glicogeno nel muscolo e nel fegato. Nelle piante il glucosio è immagazzinato sotto forma di amido. Il glucosio può essere utilizzato per produrre energia sotto forma di ATP.

Grassi: i grassi sono uno dei tre principali macronutrienti, insieme a proteine e carboidrati. Le molecole di grassi consistono primariamente di carbonio e idrogeno e sono insolubili in acqua, in quanto idrofobici. Esempi di grassi sono il colesterolo, i fosfolipidi e i trigliceridi. I grassi consumati nel cibo apportano circa 9 kcal per grammo.

Guaranina: sinonimo di caffeina.

HDL: *High-density lipoprotein.* Complessa aggregazione di diverse molecole (principalmente proteine e grassi) che trasportano i grassi per il corpo. Alti valori di HDL sono associate ad una riduzione di rischio di aterosclerosi.

Infiammazione: parte della complessa risposta biologica messa in atto dall'organismo nei confronti di stimoli dannosi, ad esempio patogeni o molecole tossiche. L'infiammazione è un meccanismo fisiologico e necessario per la sopravvivenza dell'organismo, tuttavia una infiammazione incontrollata e prolungata (cronica) è dannosa e può portare col tempo a diverse patologie.

Insulina: piccola proteina che agisce da ormone. È secreta dalle cellule del pancreas ed è fondamentale nella regolazione della glicemia negli animali. La sua azione è abbassare la glicemia quando esiste una condizione di iperglicemia.

Ipotalamo: area del cervello cruciale per coordinare moltissime funzioni fisiologiche come la fame, la temperatura corporea, la spesa calorica e il metabolismo basale.

Isoliquiritigenina: un polifenolo presente nella liquirizia e nella soia. È un attivatore naturale delle sirtuine.

Kaempferolo: un polifenolo appartenente al gruppo dei flavonoidi, presente in molte piante e alimenti di origine vegetale quali cavolo riccio, capperi, rucola, fagioli, tè, spinaci, broccoli e zenzero.

LDL: *Low-density lipoprotein*. Complessa aggregazione di diverse molecole (principalmente proteine e grassi) che trasporta i grassi nel corpo. Un eccesso di LDL è dannoso in quanto si può depositare nelle pareti delle arterie causando aterosclerosi.

Luteolina: un polifenolo appartenente al gruppo dei flavonoidi. Fonti di luteolina sono il sedano, i broccoli, i peperoni, il prezzemolo, l'olio d'oliva, le arance. È un attivatore naturale delle sirtuine.

Meta-analisi: una analisi statistica che combina il risultato di diversi studi scientifici che hanno affrontato la stessa ipotesi scientifica (o simile). Una meta-analisi fornisce, tra tutti i tipi di pubblicazioni presenti in letteratura scientifica, i tipi di dati con il più alto livello di confidenza e sicurezza sulle sue conclusioni.

Metabolismo: tutte le reazioni biochimiche che avvengono negli organismi viventi e che producono o consumano energia.

Mitocondrio: i mitocondri sono organelli presenti dentro le cellule e provvisti di un doppio strato di membrane. Sono presenti in tutti i mammiferi. Tutte le cellule umane sono provviste di mitocondri, eccetto poche eccezioni (ad esempio i globuli rossi a piena maturazione ne sono sprovvisti). Tra i ruoli principali dei mitocondri vi sono la produzione di energia sotto forma di ATP e la regolazione del metabolismo.

Miocita: cellula del muscolo.

Miricetina: un polifenolo appartenente al gruppo dei flavonoidi. Fonti alimentari comuni di miricetina sono gli agrumi, la frutta secca, il tè, il vino rosso. È un attivatore naturale delle sirtuine.

Muscolo scheletrico: uno dei tre principali tipi di muscolo, insieme al muscolo liscio e al muscolo cardiaco. La sua funzione primaria è l'esecuzione dei movimenti del corpo, sotto il controllo del sistema nervoso volontario. La maggior parte dei muscoli scheletrici è collegata alle ossa tramite i tendini. Nel corpo umano ci sono più di 650 muscoli scheletrici differenti.

NAD⁺: Nicotinamide adenina dinucleotide. Uno dei cofattori più importanti del metabolismo delle cellule. Partecipa e rende efficienti numerose reazioni del metabolismo incluse quelle sotto il controllo di SIRT1.

Nucleo: organello presente dentro le cellule di animali e vegetali. Contiene la maggior parte del materiale genetico della cellula organizzato sotto forma di molecole di DNA.

Nutriente: una molecola che si trova nel cibo che il nostro corpo utilizza per sopravvivere, crescere e svolgere tutte le sue funzioni fisiologiche.

Oleuropeina: il principale polifenolo presente nell'olio di oliva e la principale sostanza per il sapore pungente delle olive e dell'olio di oliva. È un attivatore naturale delle sirtuine.

Ormone: molecola messaggera prodotta e secreta nel sangue dove viene trasportata fino al suo organo bersaglio dove trasmetterà il suo messaggio. I messaggi recapitati dagli ormoni modificano l'attività delle cellule dell'organo bersaglio.

Ossidazione dei grassi: processo che scompone in molecole più piccole gli acidi grassi e che richiede ossigeno (da cui il termine "ossidazione"). Questo processo consuma i grassi e produce energia sotto forma di ATP. L'ossidazione dei grassi avviene nei mitocondri.

PGC-1 alfa: una proteina che agisce da controllore chiave del metabolismo energetico in quanto stimola la produzione di mitocondri nelle cellule.

Piceatannolo: polifenolo abbondante nel vino rosso. Dal punto di vista chimico è considerato un derivato del resveratrolo, in quanto la loro formula chimica è molto simile. È un attivatore naturale delle sirtuine.

Polifenoli: famiglia di circa 5000 molecole naturali presenti nel regno vegetale. Come indica il nome stesso, i polifenoli sono caratterizzati dalla presenza di due o più gruppi fenolici associati tra loro in strutture più o meno complesse. I polifenoli sono antiossidanti naturali.

PPAR-gamma: *Peroxisome proliferator-activated receptor gamma*. Regolatore chiave del metabolismo energetico. Stimola la sintesi e l'immagazzinamento di grassi nell'organo adiposo.

Prebiotico: sostanza presente nel cibo in grado di stimolare la crescita e il benessere nel nostro microbiota intestinale, promuovendo la salute dell'organismo.

Proteine: molecole costituite da uno o più filamenti di amminoacidi. Le proteine sono uno dei tre macronutrienti fondamentali della nostra dieta, insieme a carboidrati e grassi. Le proteine consumate nel cibo apportano circa 4 kcal di energia ogni grammo.

Quercetina: polifenolo appartenente al sottogruppo dei flavonoidi. È particolarmente abbondante in cipolle rosse, tè verde, vino rosso, mele, frutti di bosco, grano saraceno, levistico, capperi e cavolo riccio. È un attivatore naturale delle sirtuine.

Radicali liberi: atomi e molecole altamente instabili e in grado di danneggiare le strutture e le membrane delle cellule, aumentando il rischio di patologie e causando invecchiamento. La principale fonte di radicali liberi è la produzione energetica che avviene nei mitocondri. Fortunatamente le cellule sono "armate di scudi" per difendersi dai danni dati da un eccesso di radicali liberi. Questi scudi sono le molecole antiossidanti, in grado di inattivare i radicali liberi, sacrificandosi per difendere le membrane e gli organelli della cellula. L'alimentazione è una fonte molto importante di antiossidanti.

Restrizione calorica: regime dietetico che apporta meno del 70% delle calorie di una dieta senza restrizioni.

Resveratrolo: il principale polifenolo dell'uva nera e del vino rosso, è presente anche in altri vegetali quali frutti rossi e cacao. Ha forti proprietà antiossidanti. In natura le piante producono il resveratrolo per proteggersi da microorganismi e da parassiti. È un attivatore naturale delle sirtuine.

Rutina: molecola composta formata da una parte polifenolica (la quercetina) unita ad un carboidrato (rutinosio). La rutina è particolarmente abbondante in grano saraceno, agrumi, vino rosso e menta piperita. Sebbene non possa essere tecnicamente definita un nutriente essenziale per l'uomo, è tuttavia talvolta chiamata "vitamina P". La sua componente polifenolica, la quercetina, è un attivatore naturale delle sirtuine.

SIRT1: *Silent information regulator T1*. SIRT1 è il gene appartenente alla famiglia delle sirtuine più studiato e maggiormente correlato alla perdita di peso e all'effetto "brucia grassi". SIRT1 codifica le informazioni per produrre una proteina (dallo stesso nome SIRT1), la cui attività è associata con un gran numero di funzioni in grado di migliorare la salute del corpo umano.

Sirtuine: una classe di geni che codificano una classe di proteine. Quest'ultime sono più precisamente degli enzimi e negli umani sono 7: SIRT1, SIRT2, SIRT3, SIRT4, SIRT5, SIRT6, SIRT7. Le sirtuine sono importanti regolatori del metabolismo e controllano fenomeni quali l'invecchiamento e la risposta a stress di varia natura. La restrizione calorica, l'attività fisica e ci cibi Sirt sono in grado di stimolare l'attività delle sirtuine.

Teina: sinonimo di caffeina.

Teobromina: sostanza naturale abbondante nel cacao. È dotata di una blanda azione diuretica, cardiotonica e vasodilatatrice, soprattutto a livello coronarico. Appartiene, come la caffeina, alla famiglia degli alcaloidi. Tuttavia, a differenza della caffeina, la teobromina ha solo un lieve effetto eccitatorio nel cervello, stimato 10 volte inferiore della caffeina.

Vitamina C: Conosciuta anche come acido ascorbico. È una delle vitamine più importanti del nostro corpo. È essenziale per la produzione del collagene, una delle proteine più abbondanti per il nostro corpo ed è una delle molecole antiossidanti più abbondanti e importanti nel corpo umano. È un cofattore per l'attività di molti enzimi.

Bibliografía

Afshin, A., Sur, P. J., Fay, K. A., Cornaby, L., Ferrara, G., Salama, J. S., ... Murray, C. J. L. (2019). Health effects of dietary risks in 195 countries, 1990-2017: a systematic analysis for the Global Burden of Disease Study 2017. The Lancet, 393(10184), 1958-1972. https://doi.org/10.1016/S0140-6736(19)30041-8

Alhowiriny, T. A., Al-rehaily, A. J., Tahir, K. E. H. El, Al-taweel, A. M., & Perveen, S. (2013). Molecular mechanisms that underlie the sexual stimulant actions of ginger (Zingiber officinale Rosocoe) and garden rocket (Eruca sativa L.). *Journal of Medicinal Plants Research, 7*(32), 2370-2379. https://doi.org/10.5897/JMPR12.821

Arora, I., Sharma, M., Sun, L. Y., & Tollefsbol, T. O. (2020). The Epigenetic Link between Polyphenols, Aging and Age-Related Diseases. Genes, 11(9). https://doi.org/10.3390/genes11091094

Bressani, R., Hernandez, E., & Braham, J. E. (1988). Relationship between content and intake of bean polyphenolics and protein digestibility in humans. Plant Foods for Human Nutrition (Dordrecht, Netherlands), 38(1), 5-21. https://doi.org/10.1007/BF01092306

Chang, H.-C., & Guarente, L. (2014). SIRT1 and other sirtuins in metabolism. *Trends in Endocrinology and Metabolism: TEM, 25*(3), 138-145. https://doi.org/10.1016/j.tem.2013.12.001

Cohen, L. A. (2002). A review of animal model studies of tomato carotenoids, lycopene, and cancer chemoprevention. *Experimental Biology and Medicine (Maywood, N.J.), 227*(10), 864-868. https://doi.org/10.1177/153537020222701005

Costanzo, S., Di Castelnuovo, A., Donati, M. B., Iacoviello, L., & de Gaetano, G. (2011). Wine, beer or spirit drinking in relation to fatal and non-fatal cardiovascular events: a meta-analysis. European Journal of Epidemiology, 26(11), 833–850. https://doi.org/10.1007/s10654-011-9631-0

D'Antona, G., Ragni, M., Cardile, A., Tedesco, L., Dossena, M., Bruttini, F., ... Nisoli, E. (2010). Branched-chain amino acid supplementation promotes survival and supports cardiac and skeletal muscle mitochondrial biogenesis in middle-aged mice. Cell Metabolism, 12(4), 362–372. https://doi.org/10.1016/j.cmet.2010.08.016

Ellam, S., & Williamson, G. (2013). Cocoa and human health. Annual Review of Nutrition, 33, 105–128. https://doi.org/10.1146/annurev-nutr-071811-150642

Farzaei, M. H., Abbasabadi, Z., Ardekani, M. R. S., Rahimi, R., & Farzaei, F. (2013). Parsley: a review of ethnopharmacology, phytochemistry and biological activities. Journal of Traditional Chinese Medicine = Chung i Tsa Chih Ying Wen Pan, 33(6), 815–826. https://doi.org/10.1016/s0254-6272(14)60018-2

Fraga, C. G., Croft, K. D., Kennedy, D. O., & Tomás-Barberán, F. A. (2019). The effects of polyphenols and other bioactives on human health. Food & Function, 10(2), 514–528. https://doi.org/10.1039/c8fo01997e

Garrido-Bañuelos, G., Buica, A., Schückel, J., Zietsman, A. J. J., Willats, W. G. T., Moore, J. P., & Du Toit, W. J. (2019). Investigating the relationship between cell wall polysaccharide composition and the extractability of grape phenolic compounds into Shiraz wines. Part II: Extractability during fermentation into wines made from grapes of different ripeness levels. Food Chemistry, 278, 26–35. https://doi.org/10.1016/j.foodchem.2018.10.136

Giampieri, F., Forbes-Hernandez, T. Y., Gasparrini, M., Alvarez-Suarez, J. M., Afrin, S., Bompadre, S., ... Battino, M. (2015). Strawberry as a health promoter: an evidence based review. *Food & Function, 6*(5), 1386-1398. https://doi.org/10.1039/c5fo00147a

Goggins, A., Matten, G. (2016). The Sirt Food Diet. *Yellow Kite.*

Goldstein, E. R., Ziegenfuss, T., Kalman, D., Kreider, R., Campbell, B., Wilborn, C., ... Antonio, J. (2010). International society of sports nutrition position stand: caffeine and performance. *Journal of the International Society of Sports Nutrition, 7*(1), 5. https://doi.org/10.1186/1550-2783-7-5

Hartley, L., Igbinedion, E., Thorogood, M., Clarke, A., Stranges, S., Hooper, L., & Rees, K. (2012). Increased consumption of fruit and vegetables for the primary prevention of cardiovascular diseases. The Cochrane Database of Systematic Reviews, 2012(5). https://doi.org/10.1002/14651858.CD009874

Heimler, D., Isolani, L., Vignolini, P., Tombelli, S., & Romani, A. (2007). Polyphenol content and antioxidative activity in some species of freshly consumed salads. *Journal of Agricultural and Food Chemistry, 55*(5), 1724-1729. https://doi.org/10.1021/jf0628983

Howitz, K. T., Bitterman, K. J., Cohen, H. Y., Lamming, D. W., Lavu, S., Wood, J. G., ... Sinclair, D. A. (2003). Small molecule activators of sirtuins extend Saccharomyces cerevisiae lifespan. *Nature, 425*(6954), 191-196. https://doi.org/10.1038/nature01960

Imai, S.-I. (2009). The NAD World: a new systemic regulatory network for metabolism and aging–Sirt1, systemic NAD biosynthesis, and their importance. *Cell Biochemistry and Biophysics, 53*(2), 65-74. https://doi.org/10.1007/s12013-008-9041-4

Jahanban-Esfahlan, A., Ostadrahimi, A., Tabibiazar, M., & Amarowicz, R. (2019). A Comparative Review on the Extraction, Antioxidant Content and Antioxidant Potential of Different Parts of

Walnut (Juglans regia L.) Fruit and Tree. *Molecules, 24*(11). https://doi.org/10.3390/molecules24112133

Kaeberlein, M., McVey, M., & Guarente, L. (1999). The SIR2/3/4 complex and SIR2 alone promote longevity in Saccharomyces cerevisiae by two different mechanisms. *Genes and Development, 13*(19), 2570-2580. https://doi.org/10.1101/gad.13.19.2570

Katz, D. L., Doughty, K., & Ali, A. (2011). Cocoa and Chocolate in Human Health and Disease. *ANTIOXIDANTS & REDOX SIGNALING, 15*(10). https://doi.org/10.1089/ars.2010.3697

Kocaadam, B., & Şanlier, N. (2017). Curcumin, an active component of turmeric (Curcuma longa), and its effects on health. *Critical Reviews in Food Science and Nutrition, 57*(13), 2889-2895. https://doi.org/10.1080/10408398.2015.1077195

Kreft, S., Strukelj, B., Gaberscik, A., & Kreft, I. (2002). Rutin in buckwheat herbs grown at different UV-B radiation levels: comparison of two UV spectrophotometric and an HPLC method. *Journal of Experimental Botany, 53*(375), 1801-1804. https://doi.org/10.1093/jxb/erf032

Kris-Etherton, P., Eckel, R. H., Howard, B. V, St Jeor, S., & Bazzarre, T. L. (2001). AHA Science Advisory: Lyon Diet Heart Study. Benefits of a Mediterranean-style, National Cholesterol Education Program/American Heart Association Step I Dietary Pattern on Cardiovascular Disease. Circulation, 103(13), 1823-1825. https://doi.org/10.1161/01.cir.103.13.1823

Kschonsek, J., Wolfram, T., Stöckl, A., & Böhm, V. (2018). Polyphenolic Compounds Analysis of Old and New Apple Cultivars and Contribution of Polyphenolic Profile to the In Vitro Antioxidant Capacity. *Antioxidants (Basel, Switzerland), 7*(1). https://doi.org/10.3390/antiox7010020

Ma, L., Liu, G., Ding, M., Zong, G., Hu, F. B., Willett, W. C., ... Sun, Q. (2020). Isoflavone intake and the risk of coronary heart disease in US men and women: Results from 3 prospective cohort studies. *Circulation*, 1127-1137. https://doi.org/10.1161/CIRCULATIONAHA.119.041306

Picard, F., Kurtev, M., Chung, N., Topark-Ngarm, A., Senawong, T., Machado De Oliveira, R., ... Guarente, L. (2004). Sirt1 promotes fat mobilization in white adipocytes by repressing PPAR-gamma. *Nature*, *429*(6993), 771–776. https://doi.org/10.1038/nature02583

Poole, R., Kennedy, O. J., Roderick, P., Fallowfield, J. A., Hayes, P. C., & Parkes, J. (2017). Coffee consumption and health: umbrella review of meta-analyses of multiple health outcomes. *BMJ (Clinical Research Ed.)*, *359*, j5024. https://doi.org/10.1136/bmj.j5024

Price, N. L., Gomes, A. P., Ling, A. J. Y., Duarte, F. V, Martin-Montalvo, A., North, B. J., ... Sinclair, D. A. (2012). SIRT1 is required for AMPK activation and the beneficial effects of resveratrol on mitochondrial function. Cell Metabolism, 15(5), 675–690. https://doi.org/10.1016/j.cmet.2012.04.003

Ros, E., Izquierdo-Pulido, M., & Sala-Vila, A. (2018). Beneficial effects of walnut consumption on human health: role of micronutrients. *Current Opinion in Clinical Nutrition and Metabolic Care*, *21*(6), 498–504. https://doi.org/10.1097/MCO.0000000000000508

Salomón-Torres, R., Ortiz-Uribe, N., Valdez-Salas, B., Rosas-González, N., García-González, C., Chávez, D., ... Krueger, R. (2019). Nutritional assessment, phytochemical composition and antioxidant analysis of the pulp and seed of medjool date grown in Mexico. *PeerJ*, *7*, e6821. https://doi.org/10.7717/peerj.6821

Satoh, A., Brace, C. S., Ben-Josef, G., West, T., Wozniak, D. F., Holtzman, D. M., ... Imai, S. I. (2010). SIRT1 promotes the central adaptive response to diet restriction through activation of the dorsomedial and lateral nuclei of the hypothalamus. *Journal of Neuroscience*, *30*(30), 10220–10232. https://doi.org/10.1523/JNEUROSCI.1385-10.2010

Scalbert, A., Johnson, I. T., & Saltmarsh, M. (2005). Polyphenols: antioxidants and beyond. The American Journal of Clinical Nutrition, 81(1 Suppl), 215S-217S. https://doi.org/10.1093/ajcn/81.1.215S

Simopoulos, A. P. (2002). The importance of the ratio of omega-6/omega-3 essential fatty acids. Biomedicine & Pharmacotherapy = Biomedecine & Pharmacotherapie, 56(8), 365-379. https://doi.org/10.1016/s0753-3322(02)00253-6

Sinclair, D. A. (2005). Toward a unified theory of caloric restriction and longevity regulation. *Mechanisms of Ageing and Development, 126*(9 SPEC. ISS.), 987-1002. https://doi.org/10.1016/j.mad.2005.03.019

Shen, J., Obin, M. S., & Zhao, L. (2013). The gut microbiota, obesity and insulin resistance. Molecular Aspects of Medicine, 34(1), 39-58. https://doi.org/10.1016/j.mam.2012.11.001

Tenore, G. C., Caruso, D., Buonomo, G., D'Avino, M., Santamaria, R., Irace, C., ... Novellino, E. (2018). Annurca Apple Nutraceutical Formulation Enhances Keratin Expression in a Human Model of Skin and Promotes Hair Growth and Tropism in a Randomized Clinical Trial. Journal of Medicinal Food, 21(1), 90-103. https://doi.org/10.1089/jmf.2017.0016

Thursby, E., & Juge, N. (2017). Introduction to the human gut microbiota. *The Biochemical Journal, 474*(11), 1823-1836. https://doi.org/10.1042/BCJ20160510

Timmers, S., Konings, E., Bilet, L., Houtkooper, R. H., van de Weijer, T., Goossens, G. H., ... Schrauwen, P. (2011). Calorie restriction-like effects of 30 days of resveratrol supplementation on energy metabolism and metabolic profile in obese humans. *Cell Metabolism, 14*(5), 612-622. https://doi.org/10.1016/j.cmet.2011.10.002

Tsai, K.-L., Hung, C.-H., Chan, S.-H., Hsieh, P.-L., Ou, H.-C., Cheng, Y.-H., & Chu, P.-M. (2018). Chlorogenic Acid Protects Against oxLDL-Induced Oxidative Damage and Mitochondrial

Dysfunction by Modulating SIRT1 in Endothelial Cells. *Molecular Nutrition & Food Research*, *62*(11), e1700928. https://doi.org/10.1002/mnfr.201700928

Wang, Y., Liang, Y., & Vanhoutte, P. M. (2011). SIRT1 and AMPK in regulating mammalian senescence : A critical review and a working model. *FEBS Letters*, *585*(7), 986-994. https://doi.org/10.1016/j.febslet.2010.11.047

Willems, M. E. T., Şahin, M. A., & Cook, M. D. (2018). Matcha Green Tea Drinks Enhance Fat Oxidation During Brisk Walking in Females. *International Journal of Sport Nutrition and Exercise Metabolism*, *28*(5), 536-541. https://doi.org/10.1123/ijsnem.2017-0237

Yan, Z., Zhang, X., Li, C., Jiao, S., & Dong, W. (2017). Association between consumption of soy and risk of cardiovascular disease: A meta-analysis of observational studies. *European Journal of Preventive Cardiology*, *24*(7), 735-747. https://doi.org/10.1177/2047487316686441

Yahfoufi, N., Alsadi, N., Jambi, M., & Matar, C. (2018). The Immunomodulatory and Anti-Inflammatory Role of Polyphenols. Nutrients, 10(11). https://doi.org/10.3390/nu10111618

Yang, J., Mao, Q.-X., Xu, H.-X., Ma, X., & Zeng, C.-Y. (2014). Tea consumption and risk of type 2 diabetes mellitus: a systematic review and meta-analysis update. *BMJ Open*, *4*(7), e005632. https://doi.org/10.1136/bmjopen-2014-005632

Zamora-Ros, R., Rabassa, M., Cherubini, A., Urpí-Sardà, M., Bandinelli, S., Ferrucci, L., & Andres-Lacueva, C. (2013). High concentrations of a urinary biomarker of polyphenol intake are associated with decreased mortality in older adults. Journal of Nutrition, 143(9), 1445-1450. https://doi.org/10.3945/jn.113.177121

Zheng, J., Zheng, S., Feng, Q., Zhang, Q., & Xiao, X. (2017). Dietary capsaicin and its anti-obesity potency: from mechanism to clinical implications. *Bioscience Reports*, *37*(3). https://doi.org/10.1042/BSR20170286

Ringraziamenti

Un primo ringraziamento va ad Alessandro e Laura, prima di tutto amici veri e lettori e revisori attenti di questo libro.

Un grazie di cuore a mia moglie Laura, non solo per il supporto e i test eseguiti (e assaggiati) insieme per il capitolo delle ricette, ma soprattutto per essere sempre stata a mio fianco e per avermi supportato (e sopportato) ogni giorno.

Grazie a Filippo che, da quando è entrato nella nostra vita, mi dà ulteriori stimoli e motivazione per fare del mio meglio.

Grazie ai miei genitori Maria Teresa e Gianstefano che mi hanno insegnato il valore della conoscenza e che il tempo speso ad imparare non è mai perso.

www.ingramcontent.com/pod-product-compliance
Lightning Source LLC
Chambersburg PA
CBHW080452220526
45465CB00006B/2242